Ramakanta Naik
Pragyan Paramita Sahoo

Influência dos aditivos Bi nas Propriedades Ópticas dos Calcogenetos

Ramakanta Naik
Pragyan Paramita Sahoo

Influência dos aditivos Bi nas Propriedades Ópticas dos Calcogenetos

Efeito da adição de Bi nas propriedades ópticas das películas finas de calcogeneto Bi06As40S54

ScienciaScripts

Imprint

Any brand names and product names mentioned in this book are subject to trademark, brand or patent protection and are trademarks or registered trademarks of their respective holders. The use of brand names, product names, common names, trade names, product descriptions etc. even without a particular marking in this work is in no way to be construed to mean that such names may be regarded as unrestricted in respect of trademark and brand protection legislation and could thus be used by anyone.

Cover image: www.ingimage.com

This book is a translation from the original published under ISBN 978-3-659-82989-5.

Publisher:
Sciencia Scripts
is a trademark of
Dodo Books Indian Ocean Ltd. and OmniScriptum S.R.L publishing group

120 High Road, East Finchley, London, N2 9ED, United Kingdom
Str. Armeneasca 28/1, office 1, Chisinau MD-2012, Republic of Moldova, Europe
Printed at: see last page
ISBN: 978-620-8-17856-7

Índice:

Capítulo 1   2

Capítulo 2   22

Capítulo 3   30

Capítulo 4   38

Capítulo 5   46

CAPÍTULO I

1.1. Introdução aos estados da matéria:

Em física, um estado da matéria é uma das formas distintas que a matéria assume. São quatro os estados da matéria observáveis no quotidiano: sólido, líquido, gasoso e plasma. Historicamente, a distinção é feita com base em diferenças qualitativas nas propriedades. A matéria no estado sólido mantém um volume e uma forma fixos, com as partículas que a compõem (átomos, moléculas ou iões) próximas umas das outras e fixas no seu lugar. A matéria no estado líquido mantém um volume fixo, mas tem uma forma variável que se adapta ao seu recipiente. As suas partículas continuam a estar próximas umas das outras, mas movem-se livremente. A matéria no estado gasoso tem volume e forma variáveis, adaptando-se ao seu recipiente. As suas partículas não estão nem próximas umas das outras nem fixas no seu lugar. A matéria no estado plasmático tem volume e forma variáveis, mas, para além de átomos neutros, contém um número significativo de iões e electrões, que se podem mover livremente. O plasma é a forma mais comum de matéria visível no Universo.

Sólido

Fig.1. Disposição dos átomos no sólido

Num sólido, as partículas (iões, átomos ou moléculas) estão muito próximas umas das outras. As forças entre as partículas são fortes, pelo que estas não se podem mover livremente, podendo apenas vibrar. Como resultado, um sólido tem uma forma estável e definida e um volume definido. Os sólidos só podem mudar a sua forma através da força, como quando são partidos ou cortados.

Nos sólidos cristalinos, as partículas (átomos, moléculas ou iões) estão agrupadas num padrão regularmente ordenado e repetitivo. Existem várias estruturas cristalinas diferentes, e a mesma substância pode ter mais do que uma estrutura (ou fase sólida). Por exemplo, o ferro tem uma estrutura cúbica centrada no corpo a temperaturas inferiores a 912 °C, e uma estrutura cúbica centrada na face entre 912 °C e 1394 °C. O gelo tem quinze estruturas cristalinas conhecidas, ou quinze fases sólidas, que existem a várias temperaturas e pressões. Os vidros e outros sólidos amorfos não cristalinos, sem ordens de longo alcance, não são estados fundamentais de equilíbrio térmico; por isso, são descritos a seguir como estados não clássicos da matéria. Os sólidos podem ser transformados em líquidos por fusão, e os líquidos podem ser transformados em sólidos por congelação. Os sólidos podem também transformar-se diretamente em gases através do processo de sublimação, e os gases podem igualmente transformar-se diretamente em sólidos através da deposição.

Líquido

Os átomos têm muitos vizinhos mais próximos em contacto, mas não existe ordem de longo alcance.

Um líquido é um fluido quase incompressível que se adapta à forma do seu recipiente, mas mantém um volume (quase) constante, independentemente da pressão. O volume é definido se a temperatura e a pressão forem constantes. Quando um sólido é aquecido acima do seu ponto de fusão, torna-se líquido, desde que a pressão seja superior ao ponto triplo da substância. As forças intermoleculares (ou interatómicas ou intrínsecas) continuam a ser importantes, mas as moléculas têm energia suficiente para se moverem umas em relação às outras e a estrutura é móvel. Isto significa que a forma de um líquido não é definitiva, mas é determinada pelo seu recipiente. O volume é normalmente maior do que o do sólido correspondente, sendo a exceção mais conhecida a água, H_2O. A temperatura mais elevada a que um determinado líquido pode existir é a sua temperatura crítica.

Gás

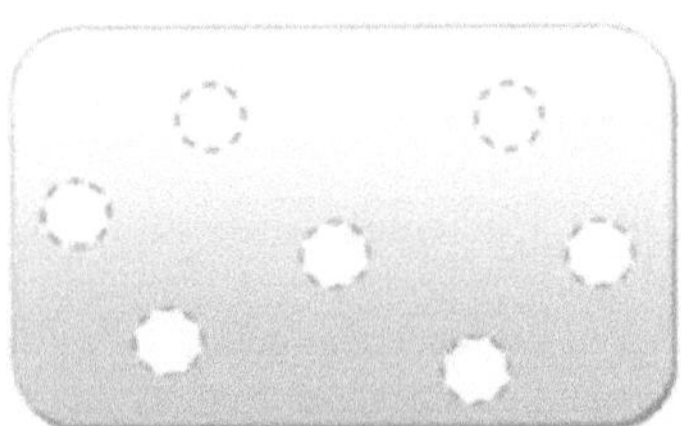

Os espaços entre as moléculas de gás são muito grandes. As moléculas de gás têm ligações muito fracas ou mesmo inexistentes. As moléculas do "gás" podem mover-se livremente e com rapidez. Um gás é um fluido compressível. Um gás não só se adapta à forma do seu recipiente, como também se expande para encher o recipiente. Num gás, as moléculas têm energia cinética suficiente para que o efeito das forças intermoleculares seja pequeno (ou nulo para um gás ideal) e a distância típica entre moléculas vizinhas seja muito maior do que o tamanho molecular. Um gás não tem forma ou volume definidos, mas ocupa todo o recipiente em que está confinado. Um líquido pode ser convertido num gás por aquecimento a pressão constante até ao ponto de ebulição, ou por redução da pressão a temperatura constante. A temperaturas inferiores à sua temperatura crítica, um gás é também designado por vapor e pode ser liquefeito apenas por compressão, sem arrefecimento. Um vapor pode existir em equilíbrio com um líquido (ou sólido), caso em que a pressão do gás é igual à pressão de vapor do líquido (ou sólido). Um fluido supercrítico (SCF) é um gás cuja temperatura e pressão estão acima da temperatura crítica e da pressão crítica, respetivamente. Neste estado, a distinção entre líquido e gás desaparece. Um fluido supercrítico tem as propriedades físicas de um gás, mas a sua elevada densidade confere-lhe propriedades de solvente em alguns casos, o que conduz a aplicações úteis. Por exemplo, o dióxido de carbono supercrítico é utilizado para extrair cafeína no fabrico de café descafeinado.

Plasma

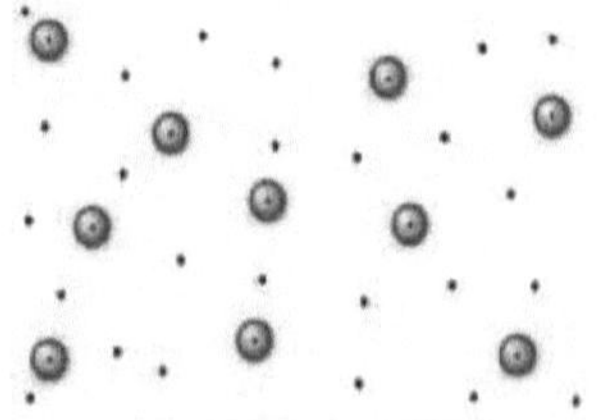

Fig. 4. Disposição dos iões

No plasma, os electrões são arrancados aos seus núcleos, formando um "mar" de electrões. Isto confere-lhe a capacidade de conduzir eletricidade. Tal como um gás, o plasma não tem forma ou volume definidos. Ao contrário dos gases, os plasmas são condutores de eletricidade, produzem campos magnéticos e correntes eléctricas e respondem fortemente às forças electromagnéticas. Os núcleos com carga positiva nadam num "mar" de electrões desassociados que se movem livremente, à semelhança do que acontece com as cargas que existem no metal condutor. De facto, é este "mar" de electrões que permite que a matéria no estado de plasma conduza eletricidade. O estado de plasma é muitas vezes mal compreendido, mas na verdade é bastante comum na Terra, e a maioria das pessoas observa-o regularmente sem sequer se aperceber. Os relâmpagos, as faíscas eléctricas, a luz fluorescente, a luz de néon, os televisores de plasma, alguns tipos de chamas e as estrelas são todos exemplos de matéria iluminada no estado de plasma.

Um gás é normalmente convertido em plasma de uma de duas formas, ou através de uma enorme diferença de tensão entre dois pontos, ou expondo-o a temperaturas extremamente elevadas.

O aquecimento da matéria a altas temperaturas faz com que os electrões abandonem os átomos, resultando na presença de electrões livres. A temperaturas muito elevadas, tais como as presentes nas estrelas, assume-se que essencialmente todos os electrões são "livres", e que um plasma de muito alta energia é essencialmente núcleos nus nadando num mar de electrões [1,2]. Na mesma linha, podemos classificar o material no estado de película fina como pertencente a outro estado distinto. Isto deve-se ao facto de a estrutura e as propriedades da película fina (sólida) serem significativamente diferentes das dos materiais no estado sólido habitual (Bulk). Neste estado de película fina, nas gamas de espessura habituais, isto é, entre cerca de 500°A e 5000°A, a espessura das películas finas e também a sua microestrutura, e a qualidade e conteúdo dos defeitos (defeitos como deslocamentos nos limites do grão, defeitos pontuais e os seus aglomerados, impurezas estranhas e átomos sólidos ou gasosos ocluídos, e as suas quantidades) influenciam as propriedades das películas finas.

1.2. Classificação dos sólidos

Os sólidos são classificados como cristalinos e amorfos com base na natureza da ordem presente no arranjo das suas partículas constituintes.

1. Sólidos cristalinos

Diz-se que um sólido é cristalino se as várias partículas constituintes, como átomos, iões ou moléculas, estiverem dispostas num padrão geométrico definido no interior do sólido. Por exemplo, Nacl, KNO2, LiF, SiO2(quartzo) e CuSO4.

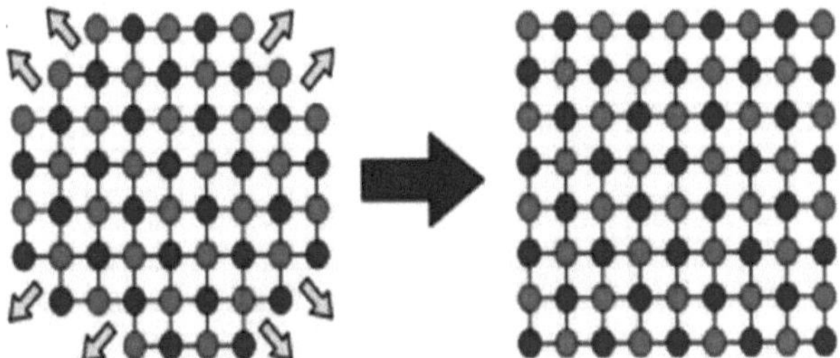

Fig.5. Disposição dos átomos nos sólidos cristalinos

Propriedades do sólido cristalino

1. Estes sólidos têm uma estrutura geométrica tridimensional particular.
2. A ordem de disposição dos iões é de longo alcance.
3. A força de todas as ligações entre diferentes iões, moléculas e átomos é igual.
4. O ponto de fusão dos sólidos cristalinos é extremamente acentuado. A razão principal é que o aquecimento quebra a ligação ao mesmo tempo [3].
5. As propriedades físicas como a condutividade térmica, a condutividade eléctrica, o índice de refração e a resistência mecânica dos sólidos cristalinos são diferentes ao longo de diferentes direcções.
6. Estes sólidos são os mais estáveis em comparação com outros sólidos.

2. Semi-cristalino (Sólidos policristalinos)

Um sólido constituído por muitos cristalitos que crescem juntos sob a forma de uma massa entrelaçada, orientados aleatoriamente e separados por limites bem definidos, é considerado um sólido policristalino.

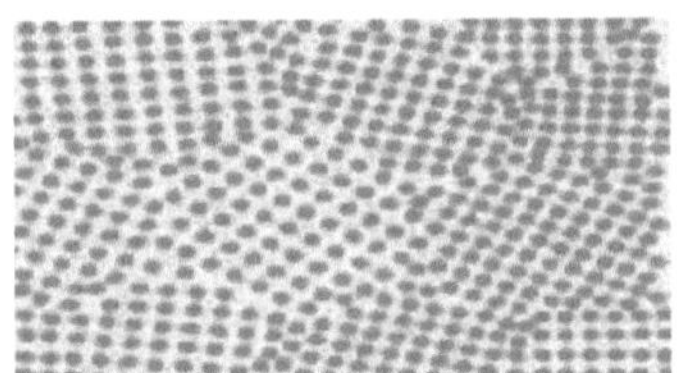

Fig.6. Disposição dos átomos em sólidos policristalinos

Propriedades do sólido policristalino

1. Em geral, os grãos deste tipo de sólido não estão relacionados em forma com a estrutura cristalina, sendo a superfície de forma aleatória em vez de planos cristalinos bem definidos.
2. É isotrópico, ou seja, as suas propriedades são as mesmas, em média, em todas as direcções.

3. Sólido amorfo

Diz-se que um sólido é amorfo se as partículas dos vários constituintes não estiverem dispostas de forma regular.

por exemplo, vidro e borracha. São também designados por pseudo-sólidos ou líquidos super-refrigerados. São um estado intermédio entre os líquidos e os sólidos. Os painéis de vidro fixados nas janelas ou portas de edifícios antigos são ligeiramente mais espessos na parte inferior do que na parte superior. Este facto deve-se à natureza amorfa do vidro. O seu escoamento é muito lento e torna a parte inferior ligeiramente mais espessa [4].

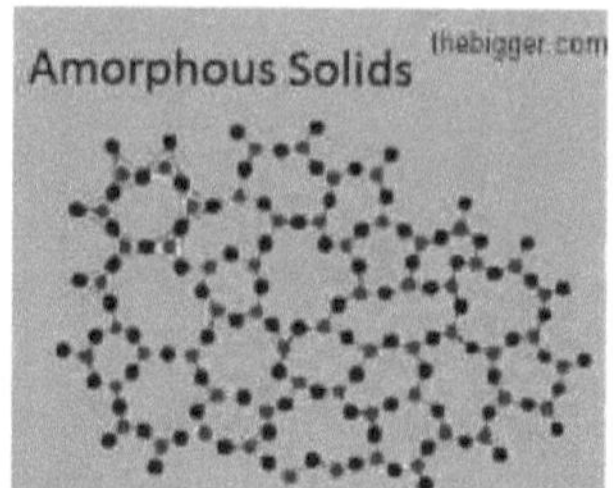

Fig. 7. Disposição dos átomos nos sólidos amorfos

Propriedades dos sólidos amorfos

1. A força das diferentes ligações é diferente nos sólidos amorfos.
2. Não existe qualquer regularidade na estrutura externa dos sólidos amorfos.
3. Por outro lado, os sólidos amorfos não têm um ponto de fusão nítido. Isto deve-se à força variável das ligações presentes entre as moléculas, iões ou átomos. Assim, as ligações têm uma força reduzida aquando do aquecimento. Mas a ligação forte demora algum tempo a quebrar-se. Esta é a razão pela qual os sólidos amorfos não têm um ponto de fusão acentuado
4. Os sólidos amorfos são isotrópicos por natureza. Isotrópico significa que em todas as direcções as suas propriedades físicas permanecem iguais [5].

1.3. Diferença entre sólidos cristalinos e amorfos-

Sólidos cristalinos

Tem uma forma definida devido à disposição definida e ordenada das partículas no espaço tridimensional, enquanto o amorfo não tem uma disposição ordenada das partículas e, portanto, não possui uma forma geométrica definida[5].

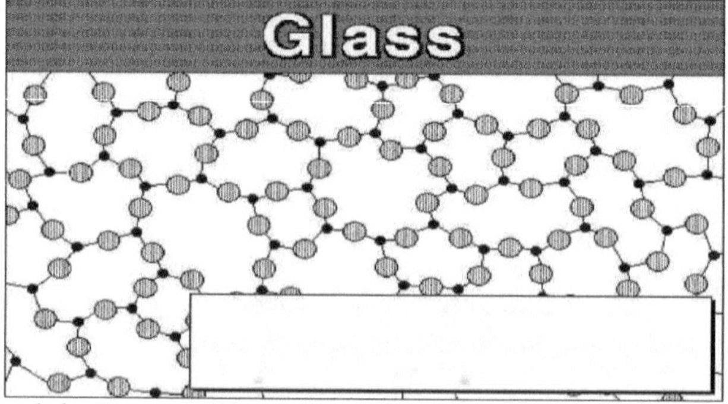

Os verdadeiros sólidos têm uma estrutura cristalina com um conjunto ordenado de átomos

O vidro, por outro lado, é um material amorfo, ou seja, não possui um arranjo regular de átomos em

Fig.8. **Átomos no sólido cristalino e no sólido amorfo**

PROPRIEDADE	SÓLIDOS CRISTALINOS	SÓLIDOS AMORFOS
1.forma	Forma geométrica com caraterísticas definidas.	Ponto Irregular
2. ponto de fusão	Derreter a uma temperatura acentuada e caraterística	Amolecer gradualmente ao longo de uma gama de temperaturas
3. clivagem	Quando cortados com uma ferramenta afiada, dividem-se em dois pedaços e a superfície recém-criada, plana e lisa	Quando cortados com uma ferramenta afiada, cortam-se em dois pedaços
4. calor de fusão	Têm um calor de fusão definido e caraterístico	Não têm um calor de fusão definido
5.anisotrópico	De natureza anisotrópica	De natureza isotrópica
6.natureza	Verdadeiramente sólido	Pseudo-sólidos ou líquidos super-refrigerados
7. ordem na disposição das partículas constituintes	Encomenda de longo alcance	Apenas encomenda de curto alcance

1.4. Classificação de sólidos amorfos

A teoria das bandas electrónicas dos sólidos divide-os em condutores, isolantes e semicondutores.

1. Condutor-Quando não existe qualquer intervalo entre a banda de condução e a banda de valência, designa-se por condutor. Uma banda de valência parcialmente preenchida é uma caraterística do condutor.

2. Isolador - Quando existe um grande intervalo entre a banda de condução e a banda de valência, designa-se por isolador. É muito largo, quase equivalente a 3-6ev.
Ex- O diamante tem um intervalo de banda de 7ev.

3. Semicondutor - Quando o intervalo entre a banda de condução e a banda de valência é de

1-3eV é considerado um semicondutor. É da ordem de 1,1ev para o silício e de 0,7ev para o germânio [6].

1.5. Semicondutores amorfos

Um semicondutor que não é totalmente cristalino, tendo apenas uma ordem de curto alcance na sua estrutura. Um material de estado sólido que pode ser comutado de um estado para outro. Por exemplo, a gravação de CDS e DVDS alterna entre um estado amorfo não estruturado que absorve a luz e um estado cristalino estruturado que permite a passagem da luz. Na memória de mudança de fase, a célula de armazenamento alterna entre estados de baixa resistência e um estado de resistência muito elevada, em contraste com o semicondutor cristalino. Além disso, os elementos amorfos são geralmente mais baratos de fabricar do que os cristalinos, pelo que a utilização generalizada de elementos amorfos na eletrónica poderia conduzir a uma redução significativa dos custos. Até há pouco tempo, as propriedades electrónicas dos semicondutores amorfos eram mal conhecidas, porque é mais difícil tratar os estados electrónicos num sólido desordenado do que num cristal, devido à ausência de simetria periódica [7]

Os semicondutores amorfos dividem-se em 4 classes:

a. Semicondutor amorfo elementar, por exemplo, Ge,Si,Sl,Te
b. Semicondutor amorfo covalente (binário), por exemplo, As_2Se_3, GeTe
c. Semicondutores amorfos covalentes (multicomponentes), por exemplo, vidros calcogenetos, boretos e arsenetos
d. Semicondutores amorfos iónicos, por exemplo, Al_2O_3, V_2O_5 e outros óxidos de metais de transição.

Nas três primeiras classes, os átomos estão unidos por ligações covalentes; na última classe, a ligação é devida principalmente a ligações iónicas. Uma vez que as ligações iónicas envolvidas são bastante fortes, da ordem dos 10 eV por ligação, os electrões da classe (d) estão fortemente ligados aos seus iões, e são normalmente incapazes de participar na condução eléctrica de forma significativa; por conseguinte, omitiremos estas substâncias de considerações posteriores.

Uma vez que a estrutura do sólido do estado amorfo é a mesma que a do líquido super-resfriado. Quando congelamos, a posição de cada átomo no sistema é de curto alcance. As posições dos vizinhos mais próximos são essencialmente as mesmas que no estado sólido, os átomos mais afastados parecem estar distribuídos aleatoriamente. Por exemplo, no Ge amorfo, cada átomo está rodeado por quatro vizinhos mais próximos, formando a conhecida ligação tetraédrica, tal como no estado sólido. Mas se olharmos para os segundos vizinhos mais próximos, há duas formas diferentes de os dispor de modo a que os átomos no vértice do tetraedro sejam o centro de um novo tetraedro. Um destes arranjos conduz à estrutura fcc observada no Ge cristalino, o outro à estrutura wurtzite. Isto leva a alguma desordem nos vizinhos mais próximos. Quando este processo se estende cada vez mais longe do átomo original, descobre-se que o número de posições possíveis se multiplica rapidamente, resultando numa desordem completa a longa distância. Este tipo de desordem é a desordem posicional, que se aplica à classe (a). Um outro tipo de desordem encontra-se nos semicondutores covalentes das classes (b) e (c), como é o caso do GeTe. Por exemplo, não só existe uma desordem de longo alcance nas posições dos átomos, como até a composição química do átomo é incerta, havendo uma probabilidade igual de encontrar um átomo de Ge ou de Te em qualquer posição. Esta incerteza é designada por perturbação da composição. Assim, um semicondutor amorfo binário tem tanto desordens de posição como de composição e, portanto, é mais desordenado do que um semicondutor elementar. A composição é ainda maior quando se consideram substâncias multicomponentes da classe (c).

Estrutura da banda:

Estamos interessados nos estados electrónicos de um semicondutor amorfo, o que nos permite conhecer as propriedades eléctricas e ópticas. Devido à grande desordem presente, o teorema de Bloch não se aplica aqui. E como este teorema é a base da estrutura eletrónica, não se aplica diretamente aos sólidos amorfos.

A figura (a) mostra a densidade de estados g(E) para um semicondutor cristalino. A parte inferior da banda de condução (CB) está em E_c e a parte superior da banda de valência (VB) em E_v. O intervalo entre estas duas energias, E_v e E_c, é o intervalo de energia, onde nenhum eletrão pode existir num cristal perfeitamente puro. A densidade de estados desaparece completamente em toda a gama do intervalo de energia. É este o caso dos semicondutores cristalinos. A figura (b) mostra a função de densidade de estados para o estado amorfo da mesma substância. A principal diferença entre as figuras (a) e (b) é que, na figura (b), a densidade de estado estendeu-se para o intervalo de energia a partir dos lados CB e VB. Cada uma destas bandas tem agora uma "cauda" inteiramente dentro do intervalo proibido. Uma vez que só nos é permitido introduzir ordem de longo alcance,

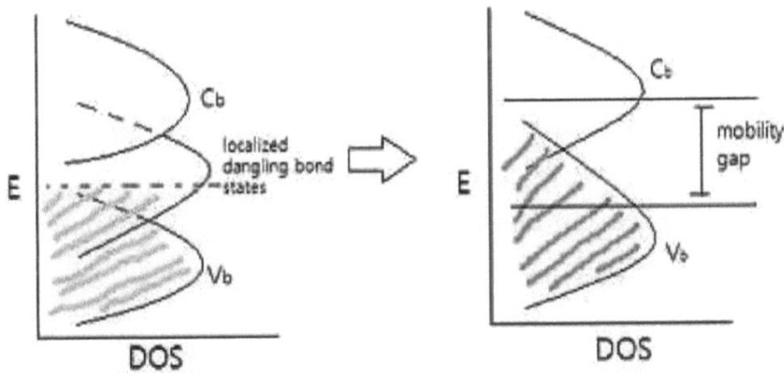

Fig 9 Estrutura de bandas de sólidos amorfos

o efeito disto nos níveis de energia é bastante pequeno, porque um eletrão num determinado local interage mais com os vizinhos. O efeito da desordem é, portanto, deslocar o nível para cima ou para baixo apenas por uma pequena quantidade ao longo da banda. Aqui o efeito da desordem é deslocar alguns níveis diretamente para o intervalo de energia, criando a cauda da banda. Embora o deslocamento aqui possa não ser grande, é significativo, porque os estados electrónicos na cauda têm um carácter diferente dos que se encontram no resto da banda. A cauda da banda ocorre tanto para o CB como para o VB, embora a cauda do CB seja provavelmente maior porque está a uma energia mais elevada.

Num estado localizado, o eletrão está limitado ao movimento em torno de apenas um local atómico particular, enquanto que num estado deslocalizado o eletrão se estende por todo o sólido. No caso de um sólido amorfo, ambos os tipos de estados ocorrem simultaneamente. Os estados no corpo principal da banda são deslocalizados, tal como os de um cristal. Por outro lado, os estados na cauda da banda representam electrões localizados. Estes estados de impureza localizados num semicondutor dopado caíram no intervalo de energia.

Condução eletrónica-

O conceito de deslocalização é importante na condução eletrónica. Um eletrão deslocalizado move-se facilmente através do sólido. Uma vez que os electrões já se encontram distribuídos pelo sólido, necessitam apenas de um pequeno empurrão - por exemplo, de um campo elétrico que os faça derivar, transportando uma corrente eléctrica. Este processo é conhecido como condução metálica. Em contrapartida, um eletrão localizado está fortemente ligado ao seu sítio e encontra-se no interior de um poço de potencial, separado dos seus vizinhos por uma barreira de potencial alta e espessa. Mas, como a barreira é geralmente de cerca de 1ev, relativamente poucos electrões são excitados à temperatura ambiente. Este processo é conhecido por "hopping" e o processo de excitação térmica por "ativação".

Uma vez que a mobilidade de um eletrão localizado é essencialmente zero, vemos que para o CB, por exemplo, a mobilidade cai bruscamente e subitamente à medida que a energia diminui da banda principal para a cauda da banda. Existe uma situação semelhante para a VB. Assim, embora não exista um hiato de densidade de estado acentuado, existe um hiato de mobilidade acentuado (na gama de energias em que $\mu=0$), e este hiato é aproximadamente o mesmo que o hiato de energia no sólido cristalino.

Vamos derivar a mobilidade de condução para estados deslocalizados e localizados. Para o estado deslocalizado, $\mu_0 = e\tau/m^*$ onde, $\tau =$ tempo de colisão

A dispersão do eletrão devido à desordem é tão forte que o caminho livre médio é tipicamente apenas algumas vezes as distâncias interatómicas, ou cerca de 10A°

O eletrão localizado só pode atravessar o sólido saltando entre sítios atómicos se adquirir a energia necessária para ultrapassar a barreira de potencial. Adquire esta energia de excitação a partir da excitação térmica do sólido.

Mobilidade em saltos

$$\mu_H = Ae^{-W/KT}$$

em que W é a energia de ativação. A mobilidade μ_H diminui rapidamente com a redução da temperatura, e a baixa temperatura é insignificante. Mesmo a temperaturas normais, u_H é muito menor do que μ_0.

Condutividade eléctrica $\sigma = ne\mu$

Onde n é a concentração de portadores. Num semicondutor amorfo intrínseco, os portadores são gerados por electrões excitados da banda de valência para a banda de condução através do intervalo. A condutividade aumenta rapidamente com a temperatura, uma vez que

$$\sigma = \sigma_0 e^{-E_A/KT}$$

em que E_A é a energia de ativação.

1.6: Classificação dos semicondutores amorfos.

De acordo com a teoria das bandas electrónicas dos sólidos, os sólidos cristalinos são divididos em metais, semicondutores e isoladores. Do mesmo modo, os sólidos amorfos, com base nas suas propriedades eléctricas, são classificados em metais, semicondutores e isoladores. Entre estes, os semicondutores amorfos têm atraído uma atenção considerável devido à sua importância em muitas aplicações diversas. Os semicondutores amorfos são frequentemente divididos em dois subcampos, os materiais relacionados com o silício amorfo coordenado tetraédrico (a-Si) e os vidros calcogenetos [8]. Na literatura, os termos não-cristalino, vítreo e amorfo são muitas vezes utilizados indistintamente, embora o estado vítreo seja um caso especial do estado amorfo.

Calcogeneto deriva da palavra grega "chalcos" que significa minério e gen que significa formação. Assim, o calcogeneto é geralmente considerado como formador de minério.

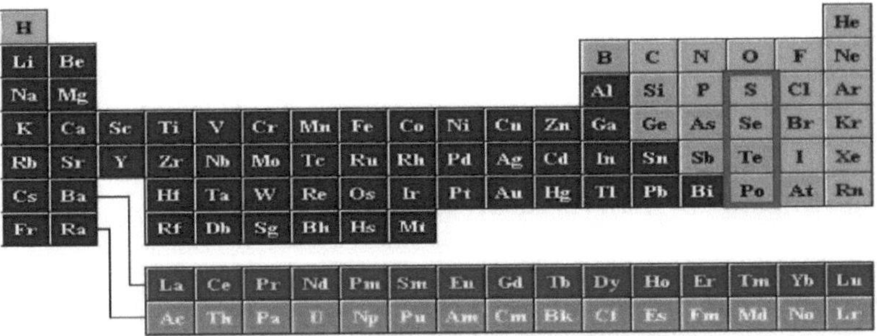

Fig 10 **Tabela periódica dos elementos calcogénios**

Os materiais calcogenetos são compostos que contêm elementos do grupo VI da tabela periódica, como o S, o Se e o Te. Uma vez que o oxigénio também pertence ao Grupo VI, os óxidos também deveriam ser incluídos na mesma família, mas são frequentemente considerados separadamente. Existem razões históricas e científicas subjacentes a esta divisão [9]. Os materiais óxidos são os mais antigos sistemas vítreos conhecidos e tornou-se tradicional tratá-los separadamente dos materiais calcogenetos, descobertos mais recentemente. Embora o oxigénio seja um elemento do grupo VI, o comportamento físico dos óxidos é bastante diferente do dos calcogenetos. Os óxidos têm uma contribuição iónica muito mais significativa para a ligação química do que os calcogenetos, que são materiais completamente covalentes. Em geral, os óxidos são isoladores com um grande intervalo de banda (~ 10 eV no caso do SiO_2), enquanto os calcogenetos são considerados uma espécie de semicondutores moles. Suaves porque a sua estrutura atómica é flexível e viscosa (devido ao facto de os átomos de calcogénio terem uma coordenação dupla) e semicondutores porque possuem uma energia de banda proibida (~2 eV) caraterística dos materiais semicondutores (1-3eV) [10]. O comportamento semicondutor em materiais amorfos foi encontrado pela primeira vez em vidros calcogenetos e, por isso, são também conhecidos como semicondutores vítreos ou vidros semicondutores [11-13]. Assim, em termos de estrutura atómica, um vidro calcogeneto pode ser caracterizado como estando entre um vidro de óxido composto por redes tridimensionais e um polímero orgânico com estruturas de cadeia unidimensionais. No que diz respeito às propriedades semicondutoras, como a mobilidade eletrónica, um vidro calcogeneto parece possuir propriedades intermédias entre um material cristalino (por exemplo, Si) e um polímero (por exemplo, poli-N-vinilcarbazole).

	Structure	Electron distribution	Energy level atom solid
Se		p	σ^* LP σ
Si		sp^3	σ^* sp^3 σ

Fig.11. A imagem que representa a diferença entre Se e Si

Os materiais calcogenetos são geralmente considerados como vidros. Por isso, são também considerados semicondutores vítreos ou vidros semicondutores. De um modo geral, os vidros são considerados um líquido super-refrigerado. Quando um líquido é arrefecido, dá origem à formação de um sólido e, após arrefecimento, atinge uma temperatura Tg, ou seja, a temperatura de transição vítrea, o que resulta na formação de um vidro, que se diz ser um líquido super-refrigerado. A capacidade de formação de vidro diminui com o aumento do peso molar dos elementos constituintes, ou seja, S>Se>Te [14].

1.7:Propriedades dos materiais calcogenetos

Propriedade estrutural

A estrutura atómica e as propriedades relacionadas dos vidros calcogenetos dependem dos métodos de preparação e da história após a preparação. Esta dependência da pré-história é comum em todos os sistemas vítreos fora do equilíbrio. Várias técnicas experimentais, como a difração de raios X, de neutrões e de electrões, a dispersão anómala de raios X, os espectros vibracionais moleculares (IR e Raman), a ressonância de spin de electrões (ESR), a ressonância nuclear de

A ressonância magnética (RMN) e a estrutura fina de absorção de raios X alargada (EXAFS) são utilizadas para investigar as estruturas microscópicas da ChG.

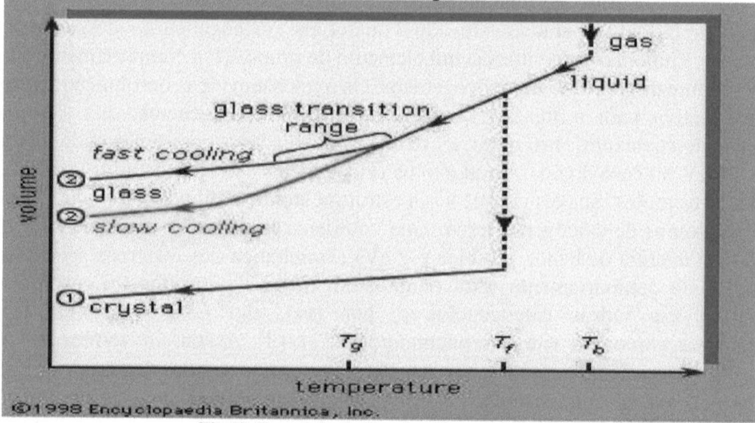

Fig.12. Transição de fase do vidro e do cristal

Os materiais de calcogenetos amorfos têm uma estrutura desordenada, embora a desordem na estrutura de um material amorfo não seja completa à escala atómica1. O ChG não possui uma ordenação periódica de longo alcance dos átomos constituintes. Química

tem um efeito significativo no controlo da correlação atómica nestes sólidos vítreos. Isto é particularmente importante quando se passa das composições não estequiométricas para as estequiométricas. A ligação química entre átomos, que resulta na ordem de curto alcance, é responsável pela maioria das propriedades dos materiais amorfos. A propriedade semicondutora dos vidros calcogenetos é, no entanto, uma consequência direta da ligação covalente, os átomos ligados estão dispostos numa rede aberta com ordem que se estende até ao terceiro ou quarto vizinho mais próximo. Assim, os vidros calcogenetos também existem nestes materiais. Nos vidros calcogenetos, a ligação covalente é designada por vidros de rede [15]. Foram desenvolvidos vários modelos estruturais para materiais amorfos, dependendo da sua estrutura química. A Rede Aleatória Contínua (CRN) [16] foi desenvolvida para ligações direcionais presentes nos sólidos covalentes. Outro modelo, o Modelo Fechado Aleatório, foi desenvolvido para ligações não direcionais presentes nos sólidos metálicos. A principal desvantagem do modelo CRN é o facto de assumir que todos os átomos constituintes satisfazem o seu requisito de valência (8-N), em que N é a valência. Assim, os defeitos estruturais, como as ligações pendentes, os vazios, etc., não são tidos em conta. O modelo Random Closed Packed (RCP) [16] é aplicável a ligações não-direcionais presentes no sólido metálico e constitui um modelo satisfatório para a estrutura dos metais amorfos.

Estrutura das bandas electrónicas:

O defeito estrutural desempenha um papel mais importante nas propriedades eléctricas do que o papel das impurezas na ChG. A banda dos estados existentes perto do centro resulta de caraterísticas específicas de defeitos do material, como ligações pendentes, intersticiais [7], etc. Assim, a estrutura de banda do ChG define especificamente a sua propriedade. O diagrama de densidade de estados (DOS) é utilizado para explicar ou prever as propriedades de um material na teoria das bandas. Denota o número de estados electrónicos por unidade de energia por eletrão que um material terá num nível de energia e é utilizado com sucesso para descrever muitas das caraterísticas encontradas nos sólidos cristalinos. A teoria das bandas para materiais amorfos foi explicada pela primeira vez por Mott através da extensão da teoria das bandas para materiais cristalinos. Os modelos de bandas mais importantes para os semicondutores amorfos devem-se a Cohen, Fritzsche e Ovshinsky (modelo CFO) e a Davis e Mott. O primeiro descreve o modelo de banda simples baseado nas caraterísticas comuns das ligas amorfas covalentes. Assume que os estados de cauda se estendem através do intervalo numa distribuição menos estruturada. Esta diminuição gradual dos estados localizados destrói a nitidez dos bordos das bandas de condução e de valência. As caudas sobrepõem-se no centro. O modelo CFO foi proposto especificamente para os vidros calcogenetos multi-componentes. Uma vez que, nestes materiais, a maioria dos átomos satisfaz os seus requisitos de valência, deve existir uma banda de valência de estados alargados apesar das valências aleatoriamente diferentes e uma banda de energia que corresponde aproximadamente a uma energia para quebrar as bandas de valência. No entanto, haverá limites de mobilidade acima e abaixo das bandas de valência e de condução. Nestes limites de mobilidade, a mobilidade dos portadores de carga muda abruptamente. Os estados de cauda da banda de valência vazios dão origem a uma distribuição aleatória de cargas positivas localizadas, neutralizadas em média por uma distribuição correspondente de um número igual de cargas negativas localizadas que estão associadas aos estados de cauda da banda de condução ocupados. Estes estados de carga acima e abaixo do nível de Fermi (E_F) actuam como centros de aprisionamento eficientes para electrões e buracos, respetivamente. Se considerarmos que a transição dos estados estendidos para os estados localizados ocorre a energias E_V para a banda de valência e E_C para a banda de condução, a energia de transição é a energia de um estado de cauda.

banda de condução, então podemos excetuar uma queda acentuada na mobilidade dos portadores a estas energias à medida que passamos dos estados alargados para os estados localizados. A presença das bordas de mobilidade explica por que razão se observa uma energia de ativação (EA) bem definida para a condutividade, apesar da ausência de bordas de banda acentuadas.

De acordo com o modelo de Davis e Mott, as caudas dos estados localizados devem ser bastante estreitas e devem estender-se por alguns décimos de eletrão-volt até ao intervalo proibido gerado devido a defeitos na rede aleatória, como ligações pendentes e vacâncias, existindo, de acordo com este modelo, uma banda de níveis compensados perto do intervalo médio. Esta banda pode ser dividida numa banda dadora e numa banda aceitadora que também fixará o nível de Fermi. Mott sugeriu que, na transição de estados alargados para estados localizados, a mobilidade diminui em várias ordens de grandeza, produzindo um limite de mobilidade. O intervalo de energia entre os dois limites de mobilidade actua como um pseudo-desnível e é definido como o desvio de mobilidade.

Com base no modelo Davis-Mott, podem existir três processos que conduzem à condução em semicondutores amorfos. A temperaturas muito baixas, a condução pode ocorrer por tunelamento termicamente assistido entre estados ao nível de Fermi. A temperaturas mais elevadas, os portadores de carga são excitados para os estados localizados das caudas das bandas. Esta condução dá-se por saltos. A temperaturas ainda mais elevadas, os portadores de carga são excitados através do limite de mobilidade para os estados alargados, que é muito mais elevado do que nos estados localizados. **Propriedades eléctricas**

As investigações das propriedades eléctricas dos semicondutores amorfos baseiam-se fortemente nos procedimentos e análises utilizados nos estudos de semicondutores cristalinos como o Ge, o Si e os compostos III-V.

- As propriedades de amostras bem definidas para medições eléctricas são uma tarefa complicada e muitas vezes impossível. Para além de impurezas estranhas e outras armadilhas, as amostras contêm homogeneidades de composição e de posição não controladas, que podem dar origem a acumulações de carga e a flutuações de potencial.
- A resistividade de um semicondutor ou semi-isolador amorfo é frequentemente várias ordens de grandeza superior à do seu homólogo cristalino [17].
- As concentrações de portadores de carga são difíceis de obter devido às dificuldades de medição e interpretação do coeficiente Hall.
- As mobilidades são pequenas e as suas magnitudes são difíceis de avaliar. A determinação da mobilidade Hall depende da capacidade de medir o coeficiente Hall. A mobilidade de deriva pode ser limitada por armadilhas e, em qualquer caso, só é mensurável em amostras suficientemente boas.
- Os efeitos das impurezas nas propriedades eléctricas são difíceis de avaliar.
- Muitos semicondutores amorfos apresentam curvas I-V do tipo comutação e outros efeitos não lineares.

Condutividade D.C

Os semicondutores amorfos indicam que o comportamento da condutividade à temperatura depende do tipo de ligação. Por exemplo, o Si e o Ge amorfos com ligações puramente covalentes apresentam propriedades eléctricas diferentes das do Si e do Te amorfos, nos quais existe uma mistura de ligações covalentes e de paredes de Vander. Os vidros calcogenetos, com as suas estruturas de rede reticulada, apresentam novamente outro tipo de relação condutividade-temperatura.

O mais importante é o facto de a dependência da temperatura do Si e Ge amorfos (ln a vs $1/T$) não poder ser analisada em termos de um aumento exponencial (nem mesmo numa gama limitada de temperaturas). Por outras palavras, as condutividades do Si e do Ge amorfos não apresentam uma energia de ativação única [18]. Recentemente, foi referido que as condutividades de películas finas amorfas de Si, Ge e também de carbono abaixo da temperatura ambiente seguem uma relação $\exp(bt^{-1/2})$ bastante precisa, de acordo com um mecanismo de tunelamento sugerido por Mott. O efeito das impurezas na condutividade do Si e do Ge amorfos difere consideravelmente do efeito nas amostras cristalinas dos mesmos elementos. O Si e o Ge cristalinos são fortemente influenciados por concentrações de impurezas tão baixas como 10^{14} ou 10^{15} cm^{-3}, enquanto as películas finas amorfas não parecem ser afectadas antes de serem atingidos níveis de 10^{18} - 10^{19} cm^{-3}.

Por outro lado, a preparação de películas finas mostra que os semicondutores amorfos como o Ge e o Si são muito susceptíveis à temperatura do substrato, ao ciclo de temperatura (recozimento) e à presença de uma pressão de gás residual, mesmo muito pequena.

Os vidros semicondutores com coordenação dupla, como o Se e o Te, apresentam um comportamento exponencial simples da condutividade ao longo de um amplo intervalo de temperatura que se estende sem qualquer descontinuidade até à gama líquida. A energia de ativação derivada destas medições de transporte corresponde aproximadamente a metade dos intervalos de energia ótica dos dois materiais medidos em películas amorfas.

As condutividades das películas amorfas das ligas de calcogenetos seguem os mesmos padrões de dependência exponencial bem definida da temperatura. No entanto, a condutividade muda mais rapidamente perto da temperatura dos vidros em torno de T_g, encontrando-se para algumas películas amorfas a temperaturas mais baixas diferentes curvas In o-vs-1/T dependendo da taxa de aquecimento e arrefecimento. O arrefecimento rápido tende a aumentar a energia de ativação a baixa temperatura. Nos vidros que contêm vários constituintes, pode haver separação de fases após aquecimento a temperaturas superiores a T_g; o efeito das propriedades eléctricas é considerável.

Em suma, para os vidros calcogenetos, os gráficos de log (condutividade) versus temperaturas recíprocas mostram frequentemente um segmento de alta temperatura que pode ser reconstituído em execuções sucessivas, e ramos de baixa temperatura que dependem da história anterior. Nos semicondutores cristalinos, chamamos às duas partes "extrínseca" e "intrínseca". No entanto, no caso dos semicondutores amorfos, estes termos não estão bem definidos. Talvez seja melhor referirmo-nos às partes de alta e baixa temperatura das curvas de condutividade como ramos insensíveis à estrutura e sensíveis à estrutura.

Condutividade AC

Uma técnica possivelmente frutuosa para sondar as propriedades eléctricas de semicondutores amorfos (e de outros semicondutores de baixa mobilidade) é a medição da condutividade AC. Uma lista parcial de materiais que foram explorados por este método inclui: Se, As_2Se_3, As_2Te_3, Te_2AsSi, SiO [19].A maioria das medições abrange uma faixa de frequência de 10^2 a 10^8 Hz. A altas frequências (o >1 MHz), a condutividade aumenta normalmente como o^2 e é independente da temperatura. Abaixo de 1MHz , a dependência da frequência da condutividade a.c. é frequentemente um pouco menos que linear: $o \sim o^n$, onde $0,7< n < 1,0$. Este último comportamento, que mostra uma pequena dependência da temperatura, foi comparado com a resposta a.c do Ge a temperaturas muito baixas (gama de impurezas), em que a dependência de o e T foi interpretada como um salto assistido por fão entre locais de armadilha.

Deve ter-se em conta que o hopping é apenas um dos muitos mecanismos de perda possíveis que podem ocorrer num semicondutor ou num semi-isolador. Para além da difusão de portadores de carga (correspondente à condutividade d.c., que é dependente de s), existem várias outras fontes de perdas dieléctricas (relaxações dos efeitos de polarização), tais como em homogeneidades, camadas dipolares, barreiras superficiais, dipolos iónicos, etc. Na maioria dos casos, não há um, mas uma série de mecanismos de relaxação, cada um com o seu próprio tempo de relaxação.

Austin e Mott [20] deduziram uma expressão para a condutividade a.c. em semicondutores amorfos, assumindo o mecanismo de saltos. A sua expressão contém a densidade de estados ao nível de Fermi p_o. As medições da condutividade AC foram utilizadas para obter valores de p_o, para vários materiais. O resultado, no entanto, é um pouco suspeito devido à ambiguidade da interpretação da perda de C.A. e à incerteza sobre a magnitude de vários outros parâmetros no mecanismo de salto.

Poderá ser útil estudar vidros muito simples, nos quais se possa isolar, com sorte, um único pico de Debye. O estudo desse pico sob uma variedade de circunstâncias externas diferentes (campo elétrico, foto-excitação, dopagem diferente, etc.) pode fornecer a chave e a compreensão das distorções e reorientações que ocorrem no vidro. **Propriedades ópticas**
Os vidros calcogenetos são candidatos promissores para aplicações fotónicas devido às suas

propriedades ópticas atractivas, como o elevado índice de refração, a elevada fotossensibilidade e a grande não linearidade ótica.

Propriedades foto-induzidas

Os fenómenos foto-induzidos exibidos em ChG podem ser agrupados em três categorias: o modo fotónico, no qual a excitação foto-eletrónica induz diretamente alterações estruturais atómicas; o modo foto-térmico, no qual a excitação foto-eletrónica induz algumas alterações estruturais com a ajuda da ativação térmica; e o modo térmico, no qual o aumento de temperatura induzido pela absorção ótica é essencial. Curiosamente, estes três tipos de fenómenos são susceptíveis de aparecer em sulfuretos, selenetos e teluretos, respetivamente [21]. Os materiais de calcogenetos são sensíveis à ação da luz e de outras radiações electromagnéticas. Por conseguinte, muitos efeitos descobertos em materiais calcogenetos desordenados baseiam-se na ação da luz. Alguns dos efeitos foto-induzidos mais importantes são o foto-escurecimento, o foto-branqueamento, o efeito foto-plástico, a fluidez foto-induzida, a ductilidade foto-induzida, o efeito optomecânico, o foto-plástico dependente da polarização, o efeito de interdifusão estimulado pela luz, a foto-expansão, a foto-contração, efeito de transformação térmica foto-induzida, efeito amorfo foto-induzido, supressão da foto-cristalização induzida por laser, efeitos de amolecimento e endurecimento foto-induzidos, efeito de oxidação foto-amplificada, processo de foto-dissolução, efeito de foto-dopagem, efeito de foto-anisotropia, efeito de comutação, fotoluminescência, etc.

Muitos tipos de processos fotossensíveis observados nos vidros calcogenetos são acompanhados por alterações nas constantes ópticas, ou seja, alterações no intervalo de banda eletrónica, no índice de refração e no coeficiente de absorção ótica. Estas alterações induzidas pela luz são favorecidas nos vidros calcogenetos devido à sua flexibilidade estrutural (baixa coordenação dos calcogénios) e também devido aos seus estados p de par solitário nas bandas de valência.

O recozimento de vidros calcogenetos pode afetar as alterações foto-induzidas, em particular os efeitos irreversíveis ocorrem em películas depositadas, enquanto que os efeitos reversíveis ocorrem em películas bem recozidas, bem como em vidros a granel. Observam-se alterações na estrutura atómica local quando a luz é iluminada com uma energia de fotões próxima do intervalo de banda ótica do calcogeneto.

Escurecimento de fotografias

Nos vidros calcogenetos, o processo de **foto-escurecimento (PD)** refere-se a uma deslocação do limite de absorção ótica para energias mais baixas após a aplicação de luz cuja energia é próxima da do intervalo de banda. Todos os vidros calcogenetos parecem exibir o processo PD em graus variáveis [21, 22]. O papel de defeitos específicos no processo de foto-escurecimento ainda não foi estabelecido porque ainda não existe uma descrição microscópica deste efeito. Foram propostos vários modelos de defeitos específicos para explicar os efeitos foto-induzidos. O primeiro modelo de defeito foi proposto por Mott, Davis e Street (modelo MDS), que identifica os defeitos com energia de correlação negativa. De acordo com o modelo de Street e Mott, os vidros calcogenetos contêm $10 - 10^{1819}$ cm^{-3} ligações pendentes. Estas ligações são pontos de defeito em que a coordenação normal não é satisfeita devido ao constrangimento da topografia local. Existe uma probabilidade finita de relaxação para a configuração de energia mínima não foto-escurecida em qualquer ponto do processo de criação do defeito. O relaxamento para o estado fundamental pode ser qualquer um destes processos antes de se formar um estado metaestável por eficiência quântica única para a criação de defeitos por fotão absorvido. Os defeitos podem ser eliminados pela luz por excitação eletrónica seguida de relaxação e recombinação ou por processo térmico [23].

Fotoluminescência (PL)

A maior parte dos fenómenos foto-induzidos, uma vez que se considera que os defeitos alteram as suas condições de carga ou as suas interações mútuas, aprisionando portadores foto-excitados. Para investigar estes estados de lacuna, a medição da fotoluminescência (PL) é uma ferramenta eficaz, uma vez que os seus espectros fornecem informações detalhadas sobre o processo de relaxação dos pares eletrão-buraco fotoexcitados. Recentemente, Munetoshi Sekiet al propuseram o modelo da banda de condução para a origem da PL no vidro Ge-S através da recombinação de electrões localizados na parte inferior da banda de condução e de buracos aprisionados pelos defeitos carregados.

A observação das distribuições de picos duplos de tempo de vida nos calcogenetos g-As2S3 e a-Se foi explicada através do modelo de excitões auto-retidos por T Aoki et al.

De acordo com este modelo, o duplo pico de distribuição do tempo de vida no componente de vida curta é atribuído à recombinação radiativa de excitões singletos e o componente de vida longa é atribuído a excitões tripletos. Os estados no intervalo de ChG e a interação eletrão-fão são os factores importantes que afectam a luminescência dos vidros calcogenetos. A caraterística dominante observada nos espectros de luminescência dos vidros calcogenetos é uma banda larga centrada em cerca de metade da energia do intervalo. O pico largo de luminescência deve-se ao forte acoplamento fão-eletrão. A luminescência nos semicondutores ocorre devido a uma forte recombinação eletrão-buraco e a sua origem pode ser atribuída a seis transições diferentes. As transições são

(1)   Um eletrão livre e um buraco livre
(2)   Um eletrão preso num nível pouco profundo e um buraco livre.
(3)   Um eletrão preso num nível profundo e um buraco livre.
(4)   Pares eletrão-buraco aprisionados em pares de defeitos no fundo de uma lacuna.
(5)   Um eletrão livre e um buraco aprisionado em pares de defeitos no fundo da lacuna.
(6)   Um eletrão livre e um buraco presos num nível pouco profundo.

Os factores que podem influenciar a forma do espetro são a profundidade de absorção, a presença de recombinação superficial e uma eficiência quântica dependente da energia do excitão. Uma forma adequada de representar o processo de luminescência em ChG é o diagrama de coordenadas configuracionais.

1.8: Aplicações dos materiais de calcogenetos.

As aplicações tecnológicas modernas dos vidros calcogenetos são muito vastas. Os exemplos incluem detectores de infravermelhos, ópticas de infravermelhos moldáveis, como lentes, e fibras ópticas de infravermelhos, sendo a principal vantagem o facto de estes materiais transmitirem através de uma vasta gama do espetro eletromagnético de infravermelhos. As propriedades físicas dos vidros calcogenetos (elevado índice de refração, baixa energia fonónica, elevada não linearidade) também os tornam ideais para incorporação em lasers, ópticas planares, circuitos integrados fotónicos e outros dispositivos activos, especialmente se estiverem dopados com iões de terras raras. Muitos vidros calcogenetos exibem vários efeitos ópticos não lineares, como a refração induzida por fotões [5] e a modificação da permissividade induzida por electrões [7]. Alguns materiais calcogenetos sofrem mudanças de fase cristalina amorfa induzidas termicamente. Este facto torna-os úteis para a codificação de informação binária em películas finas de calcogenetos e constitui a base de discos ópticos regraváveis [8] e de dispositivos de memória não volátil como os PRAM. Exemplos de tais materiais de mudança de fase são o GeSbTe e o AgInSbTe. Nos discos ópticos, a camada de mudança de fase é normalmente colocada entre camadas dieléctricas de ZnS-SiO2, por vezes com uma camada de uma película promotora de cristalização. Outros materiais menos comuns são o InSe, o SbSe, o SbTe, o InSbSe, o InSbTe, o GeSbSe, o GeSbTeSe e o AgInSbSeTe [14].

As tentativas de induzir a transformação do cristal vítreo de calcogenetos por meios eléctricos constituem a base da memória de acesso aleatório por mudança de fase (PC-RAM). Esta tecnologia emergente está à beira da aplicação comercial pela ECD Ovonics. Para as operações de escrita, uma corrente eléctrica fornece o impulso térmico. O processo de leitura é realizado a tensões sublimiares, utilizando a diferença relativamente grande de resistência eléctrica entre os estados vítreo e cristalino. Exemplos de tais materiais de mudança de fase são o GeSbTe e o AgInSbTe. Na Euromat 2005, foi demonstrado que o transporte iónico também pode ser útil para o armazenamento de dados num eletrólito sólido de calcogenetos. À nanoescala, este eletrólito consiste em ilhas metálicas cristalinas de seleneto de prata (Ag_2Se) dispersas numa matriz amorfa semicondutora de seleneto de germânio (Ge_2Se_3).

Todas estas tecnologias apresentam oportunidades interessantes que não se limitam à memória, mas incluem a computação cognitiva e os circuitos lógicos reconfiguráveis. É demasiado cedo para dizer qual a tecnologia que será selecionada para cada aplicação. Mas o interesse científico deve, por si só, ser o motor da investigação contínua. Por exemplo, a migração de iões dissolvidos é necessária no caso eletrolítico, mas poderia limitar o desempenho de um dispositivo de mudança de fase. A difusão tanto de electrões como de iões participa na electromigração - amplamente estudada como mecanismo de degradação dos condutores eléctricos utilizados nos modernos circuitos integrados. Assim, uma abordagem unificada do estudo dos calcogenetos, que avalie os papéis colectivos dos átomos, iões e electrões, pode revelar-se essencial para o desempenho e a fiabilidade dos dispositivos [15-17]. Algumas outras aplicações das películas de calcogenetos são Aplicações de infravermelhos (IR) (vidros de calcogenetos, guias de onda activos para laser (película fina, fibra), termoeléctricos, conversão de energia, géis aeroeléctricos de calcogenetos metálicos semicondutores, proteção laser (fibras de comunicações), catálise (catalisadores de sulfureto de molibdénio e tungsténio),Optoelectrónica (deteção de infravermelhos), fotocondutores (janelas e lentes de infravermelhos e prismas ATR numa vasta gama (ZnSe)), conversão de energia solar, células solares (armazenamento de informação baseado na mudança de fase), ótica não linear, nanomateriais (fósforos para TV de alta definição, nanocristalinos, seleneto de zinco, sulfureto de zinco, sulfureto de cádmio e telureto de chumbo).

- As aplicações dos GC na ótica de infravermelhos incluem a gestão da energia, a deteção de falhas térmicas, a monitorização da temperatura e a visão nocturna. A radiação do corpo negro emitida por objectos à temperatura ambiente, como o corpo humano, situa-se na região dos 8-12iim, onde os vidros à base de Se-Te são aplicáveis à imagem térmica.
- Na década de 1970, os GC foram avaliados quanto à sua adequação como componentes de dispositivos electrónicos activos em aplicações de fotocópia e comutação.
- Na década de 1980, a atenção centrou-se no fabrico de fibras de infravermelhos com perdas ultra-baixas para a transmissão de sinais de telecomunicações, para completar as fibras ópticas de sílica. As fibras CG de infravermelhos revelaram-se úteis para experiências de biossensores sobre o metabolismo do fígado, deteção de tumores, análise de soro e impressões digitais de infravermelhos de células pulmonares humanas em diferentes condições metabólicas.
- Os fenómenos foto-induzidos nas fibras CG foram utilizados para propor um novo tipo de atenuador variável de fibra ótica (VFOA), que pode ser utilizado no espetro visível e próximo do infravermelho para alterar continuamente a intensidade da luz no circuito de fibra ótica.

* As películas finas de CGs são materiais promissores para os dispositivos ópticos integrados, tais como lentes, grelhas, filtros ópticos, multiplexadores e demultiplexadores, scanner ótico, cabeças de impressora, saída lógica de saída múltipla.

Os métodos optoelectrónicos para o processamento de informação sob a forma de imagens, hologramas e bits são de grande interesse para a aplicação de equipamentos de nova geração de computadores com uma grande velocidade de processamento da informação e em outros domínios de técnicas, como a televisão, etc.

1.9: Película fina

As películas finas são camadas finas de material que variam entre fracções de um nanómetro e vários micrómetros de espessura. Os dispositivos electrónicos semicondutores e os revestimentos ópticos são as principais aplicações que beneficiam da construção de películas finas. Estão a ser desenvolvidos alguns trabalhos com películas finas ferromagnéticas para utilização como memória de computador. As películas finas de cerâmica são também muito utilizadas. A dureza e a inércia relativamente elevadas dos materiais cerâmicos tornam este tipo de revestimento fino interessante para a proteção do material do substrato contra a corrosão, a oxidação e o desgaste. As películas finas são formadas principalmente por deposição, quer por métodos físicos quer por métodos químicos. As películas finas, tanto cristalinas como amorfas, têm uma importância imensa na era da alta tecnologia.

* Uma película fina pode ser simplesmente definida como uma camada muito fina de qualquer material. Pode ser uma camada sólida, líquida ou gasosa. Mas neste caso, consideraremos apenas a camada sólida de um material como uma película fina (sólida) e trataremos apenas de películas sólidas finas.
* Uma película fina pode ser classificada como pertencendo principalmente a três subgrupos ou classes, dependendo da espessura numérica da película.
* As películas finas que são muito finas, de modo que a sua "espessura média" é inferior a cerca de $100°$ A (ou $200°$ A), são chamadas películas ultra-finas. Estas películas são também designadas películas insulares ou películas finas descontínuas, devido à sua estrutura semelhante a uma ilha.
* A segunda categoria pertence às películas finas cuja espessura se situa entre cerca de $500°$ A e cerca de $5000°$ A, aproximadamente. Estas películas são simplesmente designadas por películas finas. Esta é a gama de espessuras das películas mais amplamente estudada devido ao facto de, nesta gama de espessuras das películas finas, a espessura da película ser comparável a um ou mais comprimentos de algumas das caraterísticas do material da película, como o caminho livre médio dos portadores de carga ou o comprimento de onda de Broglie dos portadores, no caso das propriedades eléctricas das películas finas, ou o comprimento de onda da luz incidente ou outra radiação incidente na película, no caso das propriedades ópticas, ou a profundidade de penetração do supercondutor (campo magnético), se estivermos a estudar as propriedades supercondutoras. Além disso, esta gama de espessuras é também passível de estudos estruturais, pelo menos numa gama limitada de cerca de $1000°$ A, utilizando as poderosas técnicas de Microscopia Eletrónica de Transmissão e Difração Eletrónica de Transmissão. Evidentemente, a difractometria de raios X e as técnicas de análise microquímica EPMA, ESCA-AUGER são também adequadas, pelo menos no caso de películas no lado mais espesso da gama.
* As películas ultra-finas também são passíveis de estudos estruturais por microscopia eletrónica de transmissão e difração de electrões após a deposição de uma camada amorfa ou não cristalina de uma película de carbono (que não interfere com a

investigação estrutural da amostra de película), a que se chama camada de suporte. Muita informação sobre as fases iniciais do crescimento de películas finas pode ser obtida através da investigação destas películas finas ultra-finas[24].

- Resumindo, podemos dizer que as películas finas podem ser classificadas em três categorias, como indicado abaixo:

Filmes finos ultra-finos : Espessura < 100/200 A°

Filmes finos : Gama de espessuras entre ~500° A e 5000 A°

Películas espessas: Espessura > ~ 5000°A / ~ 10.000°A

1.10: Caraterísticas do estado da película fina :

- A principal caraterística das películas finas é a sua espessura. Dependendo da espessura de uma película fina, a propriedade da película fina alterar-se-á e, por conseguinte, será diferente para as películas de diferentes espessuras.

- Para além da espessura, uma outra caraterística que influencia as propriedades de uma película fina é o tamanho do grão ou dos microcristalitos nesta película fina é o tamanho do grão ou dos microcristalitos nesta película fina se o cristal for policristalino, como acontece na maioria dos casos. Naturalmente, se a película for monocristalina, ou se for amorfa, as propriedades também dependerão deste facto da natureza monocristalina ou amorfa da película fina.

- Uma outra caraterística importante de uma película fina é a sua área de superfície - tanto a área de superfície externa aparente como a área de superfície interna da fronteira de grão, ambas enormemente grandes quando comparadas com a área de superfície no estado sólido a granel normal, quando são comparadas as áreas de superfície da unidade de volume do material. Além disso, a área de superfície de uma película fina por unidade de volume do material é também uma função da espessura da película e aumenta à medida que a espessura da película diminui. Assim, a película de menor espessura terá uma área de superfície maior do que as películas de maior espessura, se forem considerados volumes unitários do material da película. Isto tem consequências importantes e afecta as propriedades que dependem da sensibilidade da área de superfície. Além disso, estas propriedades também dependem da espessura, porque o rácio superfície/volume depende da espessura.

- Assim, para resumir, podemos dizer que duas caraterísticas devem ser notadas no caso de uma película fina: em primeiro lugar, a relação superfície/volume no caso de uma película fina é 10^4 vezes superior à mesma relação no sólido a granel normal e, em segundo lugar, a alteração da espessura de uma película fina altera significativamente esta relação, digamos 10^1 a 10^3 vezes. Estas duas caraterísticas das superfícies em películas finas tornam as propriedades das películas finas, que dependem das superfícies e das interações com elas, muito importantes e de consequência significativa, e também dependentes da espessura.

- Outra caraterística importante relacionada com as películas finas é a relação entre a área de superfície interna e o volume. As dimensões dos grãos ou dos microcristalitos nas películas finas são geralmente muito pequenas quando comparadas com as do estado sólido a granel normal, onde as dimensões dos grãos são geralmente de cerca de alguns ^ms e podem ser tão grandes como mm. No caso de películas finas, obviamente, o tamanho do grão não pode ser maior do que a espessura da película. Em geral, quanto menor for a dimensão do grão, mais esférica é também a sua forma, de modo que a dimensão lateral do grão é também do mesmo tamanho que a dimensão ao longo da espessura da película[6]

1.11: **Aplicação de películas finas**

As caraterísticas mais importantes das películas finas são a sua finura, uma vez que a sua espessura é muito pequena quando comparada com as suas dimensões laterais, e o facto de terem uma relação área de superfície/volume muito grande quando comparada com a mesma relação no estado sólido a granel. A tecnologia das películas finas é um domínio relativamente jovem e em constante crescimento nas ciências físicas e químicas, que é uma confluência da ciência dos materiais, da ciência das superfícies, da física aplicada e da química aplicada. As películas finas foram provavelmente preparadas pela primeira vez de forma sistemática por Michael Faraday, utilizando métodos electroquímicos. As películas finas têm várias aplicações em diversos domínios. Alguns deles são os revestimentos A.R., conversores de energia solar, transístores, tecnologia de revestimento, filtros de interferência, polarizadores, filtros de banda estreita, células solares, fotocondutores, IR, detectores, revestimentos de guia de ondas, dispositivos aeroespaciais controlados por temperatura, revestimentos solares foto-térmicos (como o crómio preto, o níquel, o cobalto), películas magnéticas em dispositivos de gravação, películas supercondutoras, dispositivos microelectrónicos, películas de diamante e revestimentos de alta qualidade são utilizados em aplicações de engenharia, revestimento de película fina resistente à corrosão e revestimento decorativo de películas finas, etc. A enorme flexibilidade proporcionada pelo processo de crescimento de películas finas permite o fabrico de microestruturas geométricas, topográficas, físicas, cristalográficas e metalúrgicas em duas ou menos dimensões e o estudo das propriedades sensíveis à estrutura [25].

CAPÍTULO II

Estudo de literatura

1. Vidros Calcogenetos: uma revisão da sua preparação, propriedades e aplicação [REF 1]

> Os vidros calcogenetos (ChG) pertencem a uma importante classe de sólidos amorfos que contêm pelo menos um elemento calcogénio (enxofre, selénio e telúrio) como constituinte principal.

> São mencionadas tendências recentes como o fabrico de novos materiais híbridos à base de vidro calcogeneto e polímero e as suas possibilidades em diferentes domínios.

> É dada uma breve descrição das propriedades estruturais, electrónicas, térmicas e ópticas dos vidros calcogenetos.

> São descritos diferentes mecanismos foto-induzidos permanentes e temporários, como o foto-escurecimento e a fotoluminescência nestes materiais, bem como a sua estrutura de intervalo de banda com a presença de estados localizados e diferentes defeitos.

> Os vidros calcogenetos satisfazem todos estes critérios, como a elevada transparência no infravermelho, a baixa energia dos fónons, o elevado índice de refração, a boa fotossensibilidade, etc., e são adequados para várias aplicações. Estão em curso investigações para o desenvolvimento de novas películas e fibras compósitas de vidro e polímero calcogenetos avançados para aplicações fotónicas.

2. Avanços Recentes em Semicondutores Amorfos - Um Estudo Correlativo Sobre Ligas de Calcogenetos Metálicos à Base de Se- [Ref 2]

> Os vidros calcogenetos ou os semicondutores amorfos são materiais aplicáveis na optoelectrónica moderna. A compreensão das propriedades térmicas, ópticas, eléctricas e estruturais destes materiais é útil para demonstrar a sua potencial utilização.

> As propriedades físicas dos vidros calcogenetos contendo metais estão a ser alvo de grande atenção devido às suas caraterísticas interessantes e à vasta gama de modificações estruturais.

> Este trabalho apresenta um desenvolvimento cronológico de vidros calcogenetos contendo metais e uma correlação entre parâmetros ópticos, eléctricos e térmicos para ligas de Se-Zn-In recentemente desenvolvidas.

> Especificamente, é descrita a variação do intervalo de energia ótica (E_g), da condutividade eléctrica (o_{av}), da energia de ativação da cristalização (E_C) e do número de Hruby (GFA - parâmetro de capacidade de formação de vidro) com a percentagem atómica de índio nos vidros calcogenetos $Se98-xZn_2In_x (0<x<10)$.

> O autor fez uma revisão crítica das principais realizações em ligas de calcogenetos ternários contendo metais e discutiu as propriedades físicas correlativas da dependência da composição/número médio de coordenação <r> das ligas ternárias Se-Zn-In. Obteve-se que o hiato de banda de energia ótica (E_g), a condutividade eléctrica (o_{av}), a energia de ativação da cristalização (E_c), a estabilidade térmica e a capacidade de formação de vidro (GFA) dos materiais variam extensivamente com as concentrações de liga.

3. Transformação de fase induzida por recozimento em filmes amorfos de As2s3 [Ref-3]

> As películas amorfas de sulfureto de arsénio (As_2S_3) preparadas por deposição laser pulsada ultra-rápida foram recozidas a vácuo a uma gama de temperaturas diferentes.

> As medições da temperatura de transição vítrea indicam que se inicia um processo de cristalização à temperatura de recozimento de cerca de $170°C$.

> Em combinação com a análise de dispersão Raman, concluímos que a separação de
fases é intrínseca às nossas películas depositadas.

> Durante o recozimento, são identificados dois tipos de transformação de fase: uma
entre diferentes polimorfos amorfos e outra do estado amorfo para o estado cristalino.

> Uma correlação entre estes dois tipos de transformação e duas escalas de tempo
caraterísticas identificadas a partir de medições da relaxação do índice de refração.

> Finalmente, é de notar que, com base nestes estudos, parece que o recozimento térmico
de películas de As2Se3 depositadas por deposição por laser pulsado não relaxa
necessariamente as películas para um estado caraterístico dos vidros a granel e, por
conseguinte, é pouco provável que conduza a um material suficientemente estável para
aplicações optoelectrónicas.

4. Propriedades Ópticas dos Vidros Calcogenetos [Ref-4]

> Para compreender a natureza do processo eletrónico em semicondutores não
cristalinos, é necessário, em primeiro lugar, investigar o seu espetro de energia, os
fenómenos de transferência de portadores de carga e o processo de interação da
radiação com esses materiais.

> O espetro de energia dos estados electrónicos na gama hu é a energia do espetro e E_g é
o intervalo ótico.

> Estudo das caraterísticas ópticas de semicondutores não cristalinos perto do limite de
absorção. Sabe-se que o limite de absorção dos materiais não cristalinos é sensível à
composição e à estrutura do material, bem como a factores externos, tais como campos
eléctricos e magnéticos, radiações ópticas, térmicas, electrónicas e outras.

> Uma grande variedade de alterações induzidas pela luz e por feixes de electrões em
ChG permite fabricar, com base nestes efeitos, guias de ondas ópticas planares e
tridimensionais, bem como grelhas para ótica integrada.

> O estudo das propriedades ópticas dos vidros e vidros calcogenetos é muito importante
do ponto de vista teórico, pois permite determinar a adequação energética da interação
da radiação ótica com sistemas de estado sólido ordenados e desordenados e esclarecer
em que medida a desordem influencia as peculiaridades do espetro de energia e dos
fenómenos ópticos.

5. Vidros de calcogenetos para aplicações ópticas e fotónicas[Ref-5].

> É feita uma breve revisão dos parâmetros relevantes, como a energia dos fões, a gama
de transmissão e o índice de refração, que distinguem os vidros calcogenetos estudados
anteriormente e atualmente dos vidros à base de sílica.

> Os sistemas vítreos de calcogenetos GeSe, GeSeTe e As2Se3 foram preparados e
caracterizados por espetroscopia de absorção e os espectros de fotoluminescência a
baixa temperatura revelam uma deslocação do bordo de absorção e/ou da banda de
luminescência para comprimentos de onda mais longos devido à substituição por TeSe.

> As bandas de luminescência apresentam poucas alterações com o aumento da
temperatura até 200 K e uma deslocação considerável para comprimentos de onda mais
curtos quando se aproxima a temperatura ambiente.

> Não se observa qualquer influência da substituição de TeSe na posição ou na forma
espetral da banda de luminescência à temperatura ambiente.

6. Aplicação de vidros calcogenetos em eletrónica e optoelectrónica [Ref-6]

> Na sequência do desenvolvimento do campo dos calcogenetos vítreos, foram
descobertos novos materiais optoelectrónicos baseados nestes materiais.

> Nas últimas décadas, foram preparados e investigados vários vidros não óxidos,
alargando assim os grupos de materiais calcogénios utilizados em vários vidros

ópticos, electrónicos e optoelectrónicos.

> Este artigo analisa o desenvolvimento dos vidros calcogenetos, as suas propriedades físicas e a sua aplicação em eletrónica e optoelectrónica. São discutidos os materiais calcogenetos vítreos, amorfos e desordenados, importantes para aplicações optoelectrónicas.

> Os principais fenómenos electrónicos e optoelectrónicos específicos destes materiais são descritos e as aplicações baseadas nestes fenómenos são evidenciadas.

7. Propriedades estruturais, ópticas e eléctricas de filmes de silício amorfo [Ref-7]

> Examinámos a difração de raios X, a ESR, os espectros de absorção ótica no infravermelho próximo e no visível e a condutividade eléctrica de películas de Si amorfo e verificámos que todos os resultados, exceto a falta de ordem de longo alcance, dependem da história térmica das amostras.

> Um modelo de blocos de construção com estruturas na faixa de 10 a 15°A é sugerido como uma interpretação dos resultados de raios X, ESR e condutividade.

> As caudas nos espectros de absorção ótica são atribuídas às deformações locais e ao campo associado às superfícies microestruturais.

> A absorção fundamental relativamente grande do Si amorfo em comparação com o estado cristalino implica uma quebra da regra de seleção do momento cristalino de grandes deslocações das energias das bandas cristalinas.

> De acordo com o modelo, a baixa condutividade eléctrica e a sua maior diminuição após o recozimento devem-se às barreiras entre os blocos de construção.

> Embora as provas apresentadas a favor do ponto de vista microestrutural não sejam muito fortes, são mais fortes do que as provas a favor do modelo alternativo de redes contínuas.

8. Propriedades de filmes multicamadas amorfos semicondutores de A-Si:H/A-Sinx:H e de ligas de A-Sinx:H [Ref-8]

> Preparámos, por deposição de plasma e alternando a mistura plasma-gás, filmes multicamadas constituídos por camadas sequenciais de silício amorfo hidrogenado (a-Si:H) de espessura d1 e nitreto de silício amorfo isolante (a-SiNx:H) de espessura d2.

> A espessura d2 foi mantida constante a 24 A°, enquanto di foi alterado de 12 para 2120 A°.

> As películas com pequenas di tinham alterações até 180 pares de camadas. Foram estudadas as propriedades de condução e ópticas destas películas multicamadas, bem como o efeito de exposições prolongadas à luz (efeito Staebler-Wronski).

> Em grandes espessuras de subcamada di>100°A, as propriedades são dominadas pela dopagem de carga espacial, que eleva o nível de Fermi nas camadas de a-Si:H e deixa as camadas de nitreto com carga positiva.

> Para pequenas espessuras de subcamada d1<50°A, as nossas observações são consistentes com as de Abeles e Tiedje e com a sua interpretação em termos de confinamento de poços quânticos de portadores de carga nas folhas finas de semicondutores entre camadas isolantes de grande intervalo de banda.

> As propriedades destas películas multicamadas são comparadas com as das ligas a-SiN_x:H.

> Estes foram preparados sob as mesmas condições de decomposição por plasma, alterando a razão de composição plasma-gás de NH3 para SiH4 de 0,02 para 10.

9. Comparação da operação de comutação de memória em vários materiais amorfos Sistemas de Calcogenetos

> Foram investigados vários vidros calcogenetos para aplicações de comutação de filmes

finos. Foram estudadas duas gamas de tensões de limiar: 15 e 30 V.

> O desempenho de comutação dos dispositivos de película fina foi avaliado e classificado numa escala numérica simples.
> Os vidros de memória baseados no eutéctico Ge-Te tiveram um desempenho geralmente satisfatório.
> Os vidros à base de selénio apresentam uma tensão de limiar elevada na forma de películas finas, mas têm um tempo de vida limitado.
> Foram obtidas tensões de limiar de cerca de 30 V nos vidros Bi-As-Se; estes vidros revelaram-se difíceis de bloquear "ON" e são discutidas as possíveis razões para este facto.
>**As medições** das propriedades em massa foram utilizadas para dar uma indicação das propriedades a esperar das películas finas dos vidros correspondentes.

10. Efeito da temperatura de recozimento nas propriedades estruturais, ópticas e eléctricas de películas finas de Cds puro depositadas pela técnica de pirólise por pulverização
[Ref-10]

> O efeito da temperatura de recozimento nas propriedades das películas finas de CdS foi preparado utilizando a técnica de deposição por pirólise por pulverização (SPD) e as propriedades estruturais, ópticas e eléctricas foram investigadas para diferentes temperaturas de recozimento. (como depositado 300,400 & 500°C).
> A morfologia da superfície e as propriedades de composição foram estudadas por SEM e EDX, respetivamente.
> A estrutura cristalina das películas finas de CdS foi estudada por difração de raios

X.

> O tamanho cristalino e a constante de rede das películas finas de CdS SPD foram investigados.
> Os parâmetros ópticos como a transmitância, o coeficiente de absorção e o intervalo de energia das películas com temperaturas de recozimento térmico foram investigados por espetrofotómetro UV/VIS.
> A variação dos valores do intervalo de bandas das amostras de película fina de CdS situa-se entre 2,51 e 2,8Ev.
> As medições da resistividade eléctrica foram efectuadas com o método de Vander Pauw de quatro sondas a diferentes temperaturas. Assim, as películas de CdS podem ser um bom candidato para uma aplicação adequada em vários dispositivos optoelectrónicos.

11. O efeito do recozimento na absorção ótica e na condução elétrica de filmes finos amorfos de As24.5Te71Cd4.5 [Ref-11]

> Foi medida a absorção ótica de películas finas de As24.sTe71Cd4.s preparadas e recozidas termicamente.
> O intervalo de energia ótica EO aumentou de 0,58 para 0,85ev com o aumento da espessura da película preparada de 58 para 125 nm.
> Película recozida a temperaturas superiores a 423K.
> Foi observada uma transformação cristalina amorfa após recozimento a temperaturas superiores a 423K. Os resultados obtidos são discutidos com base na transformação amorfo-cristalina.

12. Caracterização Espectroscópica por Elipsometria de Filmes Finos de Hfo2 Dielétrico de Alto K e Efeitos do Recozimento a Alta Temperatura nas suas Propriedades Ópticas

> As propriedades ópticas de um conjunto de películas de HfO2 dieléctricas de alto K recozidas a várias temperaturas elevadas foram determinadas por elipsometria espectroscópica.

> Os resultados mostram que as caraterísticas das funções dieléctricas destas películas são fortemente afectadas pelo recozimento a alta temperatura.

> Para uma amostra recozida a 600°C, o filme torna-se policristalino e a sua função dieléctrica apresenta um pico distinto a 5,9 eV.

> Por outro lado, o filme permanece amorfo sem a caraterística de 5,9 eV após recozimento a 500° C.

> Para modelar a função dieléctrica, a dispersão de Tauc-Lorentz foi adoptada com sucesso para estas películas amorfas e policristalinas.

> Observou-se que o bordo de absorção se deslocava para uma energia mais elevada a uma temperatura elevada de recozimento.

> Foi demonstrado que os defeitos nas películas estão relacionados com o aparecimento de uma cauda de banda acima do limite de absorção, e parecem diminuir com o recozimento a alta temperatura.

13. Modificação da microestrutura de filmes finos de óxido de titânio amorfo durante o tratamento de recozimento [Ref-13]

> As películas finas de óxido de titânio foram depositadas em bolachas de silício (100) e em substratos de quartzo por pulverização catódica reactiva com magnetrões a partir de um alvo de titânio com 99,6% de pureza.

> Com esta técnica, foram obtidos revestimentos amorfos e sobre-oxidados (I1O2.2).

> Foi investigada a influência do recozimento pós-deposição entre 300°C e 1100°C nas propriedades estruturais e ópticas e na morfologia da superfície.

> Os resultados da difração de raios X mostraram que as películas recozidas de 300°C a 500°C têm uma estrutura cristalina de anatase, enquanto as recozidas a 1100° C têm uma estrutura cristalina de rutilo.

> As análises ópticas mostraram que os espectros de transmissão UV-Vis são fortemente modificados pelo tratamento de recozimento e o índice de refração das camadas de TiO2 também se altera.

> As medições por microscopia de força atómica corroboram a análise ótica e estrutural e mostraram que a superfície dos revestimentos pode ter vários aspectos e morfologias para as temperaturas de recozimento investigadas.

14. Sobre as propriedades e a estabilidade de filmes finos de Ge-As-Se evaporados termicamente [Ref-14]

> Películas finas de vidros calcogenetos Ge-As-Se foram depositadas por evaporação térmica a partir de material a granel e submetidas a tratamentos térmicos.

> O índice de refração linear e o intervalo de banda ótica dos filmes depositados e recozidos foram analisados em função dos parâmetros de deposição, da composição química e do número médio de coordenação (NMC).

> Verificou-se que a composição química das películas era diretamente afetada pela taxa de deposição, com baixas taxas a produzirem películas com elevado teor de Ge e reduzido teor de As, enquanto que a taxas elevadas o teor de Ge era geralmente reduzido e os níveis de As aumentavam em comparação com o material de partida a granel.

> Como resultado, podem ser obtidas películas com uma estequiometria próxima da do vidro a granel, escolhendo condições de deposição adequadas.

> As películas depositadas com MCN entre 2,44 e 2,55 apresentaram índices de refração

e intervalos de banda ótica muito próximos dos dos vidros a granel, enquanto que fora desta gama os índices das películas eram mais elevados e os intervalos ópticos mais baixos do que os dos vidros a granel.

> Após recozimento a temperaturas próximas da sua temperatura de transição vítrea, as películas de MCN elevado evoluíram de tal forma que os seus índices e intervalos de banda se aproximaram dos valores do vidro a granel, ao passo que as películas de MCN baixo não alteraram as propriedades da película.

15. Nano-cristalitos no sistema Bi-As-S

> A formação do compósito Bi2S3-As2S3 foi realizada por dois métodos: pela inserção direta de nanocristais de Bi2S3 num vidro As2S3 fundido que foi posteriormente solidificado e pela cristalização de um vidro $(As2S3)_{1-x}(Bi2S3)_x$ rapidamente arrefecido com x=0,005, 0,01 ,0,02 e 0,04 em diferentes condições.

> A afinação fina do recozimento do vidro temperado, bem como a mistura de nanocristais no vidro fundido, resultou em compósitos cristalinos com diferentes quantidades e distribuição de nanocristais de Bi2S3 de 20-50 nm de dimensão, bem como de cristais maiores, até alguns micrómetros de comprimento, semelhantes a agulhas.

> As investigações estruturais e ópticas confirmam a presença da fase cristalina Bi2S3 em todos os compósitos.

> A absorção ótica e a foto-condutividade das amostras compósitas em massa seguem as mudanças estruturais da estrutura na fase amorfa e amorfo-cristalina.

> Além disso, a banda caraterística de 290 cm^{-1} nos espectros Raman pode ser utilizada para traçar a formação dos nanocompósitos.

16. Alterações induzidas pela luz nas propriedades ópticas de películas finas de calcogenetos de Ge-S- Bi(Tl, In)

> Neste trabalho são apresentados alguns resultados do estudo das alterações na transmitância, reflectância e intervalo de banda ótica de películas finas de Ge-S-Bi(Tl, In) em função da composição e das condições de evaporação e iluminação.

> Utilizando dois métodos triplos, TR R_{fm} e TR R_{bm} , as constantes ópticas (n e k) e a espessura (d) de camadas muito finas do sistema Ge-S foram determinadas com uma exatidão de ± 2nm.

> R_f, R_b e R_m são a reflexão do lado da película, do substrato de vidro e da película de 100 nm de espessura depositada no substrato de Si, respetivamente.

> Os valores calculados das constantes ópticas das películas de calcogenetos ternários foram comparados com os obtidos a partir das medições elipsométricas e foram efectuadas algumas determinações de condutância para as suas aplicações práticas.

17. Um Modelo para a Modificação Química das Propriedades Eléctricas dos Vidros Calcogenetos pelo Bismuto [Ref-17]

> É proposto um mecanismo para explicar a capacidade do Bi para alterar as propriedades eléctricas de certos vidros calcogenetos.

> As experiências EXAPS mostraram que há uma mudança significativa no ambiente da estrutura local do Bi em composições próximas da concentração crítica de Bi (10%) em que ocorre a transição p-n.

> As suas alterações estruturais são interpretadas em termos de um modelo em que o tipo de ligação nos locais de Bi muda de covalente para parcialmente iónico.

> A presença de centros de impureza carregados perturba o equilíbrio entre defeitos nativos carregados no vidro, ocorrendo subsequentemente uma transição p-n "dopante" a uma concentração crítica de impureza.

18. Propriedades Ópticas e Eléctricas de Filmes Finos de Bismuto Oxidados Termicamente [Ref-18]

> As películas finas de trióxido de bismuto (Bi2O3) foram preparadas por oxidação térmica a seco de películas de bismuto metálico depositadas por evaporação em vácuo.

> O processo de oxidação das películas de Bi consiste num aquecimento desde a temperatura ambiente até à temperatura de oxidação (T_o=673k), com uma taxa de temperatura de 8K/min; um recozimento durante 1 h à temperatura de oxidação e, finalmente, um arrefecimento até à temperatura ambiente.

> Os espectros ópticos de transmissão e reflexão das películas foram estudados em domínios espectrais compreendidos entre 300 nm e 1700 nm, para o coeficiente de transmissão, e entre 380 nm e 1050 nm, para o coeficiente de reflexão, respetivamente.

> As estruturas de superfície de película fina do tipo metal/óxido/metal foram utilizadas para o estudo das caraterísticas de corrente-tensão estática (I-U).

> A temperatura do substrato durante a deposição de bismuto influencia fortemente as propriedades ópticas e eléctricas das películas oxidadas.

> Para o valor mais baixo da intensidade do campo elétrico (ξ < 5 xio^4 v/cm), as caraterísticas I-U são óhmicas.

19. Microanálise de raios X e propriedades ópticas de filmes finos de As-S-Bi (Tl) [Ref-19]

> Os vidros calcogenetos são uma importante classe de materiais devido à sua vasta gama de aplicações em ótica de infravermelhos, detectores de infravermelhos, eletrónica e dispositivos de comutação ótica e registo ótico de fase.

> Neste artigo, discutimos os resultados obtidos no estudo da influência das condições de deposição (temperatura e taxa de evaporação), da concentração de filmes finos e da exposição à luz nas propriedades ópticas de filmes finos de calcogenetos contendo As.

> É utilizada uma técnica denominada "método de contribuição de fase" (PCM) para a análise elementar de camadas finas do sistema As-S-Bi (Tl) depositadas em substratos de vidro de cal sodada.

> O método foi testado com películas finas de calcogenetos de diferentes espessuras depositadas em substratos de vidro e grafite.

> Foi derivada a relação entre as alterações na composição e as propriedades ópticas.

> As alterações permitem a aplicação prática de suportes de gravação de informação em camadas finas e de fotorresistências inorgânicas de alta resolução

20. Caracterização Ótica de Filmes Finos de Calcogeneto por Elipsometria de Incidência de Ângulo Multipl.E [Ref-20]

> As propriedades ópticas de películas finas de calcogenetos do sistema As-S(Se) e As-S- Se foram investigadas em função da composição da película, da espessura da película e das condições de iluminação por luz, utilizando elipsometria de múltiplos ângulos de incidência

> As películas finas foram depositadas por evaporação térmica por evaporação térmica e expostas à luz branca (lâmpada de halogéneo) e à luz monocromática dos lasers Ar$^+$ - (A =488,514 nm) e He-Ne (A=632,8 nm).

> As medições elipsométricas foram efectuadas em três ângulos diferentes de incidência da luz no intervalo 45-55°, a A=632,8 nm.

> Foi aplicado um modelo de camada absorvente isotrópica para calcular as constantes

ópticas (índice de refração, n e coeficiente de extinção, k) e a espessura fina, d.

> A homogeneidade da película foi controlada e verificada através da aplicação de cálculos de ângulo único em diferentes ângulos.

> Foi demonstrado que o índice de refração, n das películas de As-S-Se é independente da espessura da película na gama de 50 a 1000nm e o seu valor variou de 2,45 a 3,05 para camadas finas com composição As2S3 e As2Se3, respetivamente.

> O efeito de aumento do índice de refração foi observado após a exposição à luz, o que está relacionado com o processo de foto-escurecimento em camadas contendo arsénio.

> Foi confirmada a viabilidade do método para determinar as constantes ópticas de películas muito finas de calcogenetos com elevada precisão.

CAPÍTULO III
PREPARAÇÃO DA AMOSTRA
3.1 Detalhes do elemento
Arsénio

O arsénico é um elemento químico de símbolo As e número atómico 33. O arsénico encontra-se em muitos minerais, geralmente em conjunto com sulfuretos e metais, e também como cristal elementar puro. Foi documentado pela primeira vez por Albertus Magnus em 1250. O arsénio é um metaloide. Pode existir em vários alótropos, embora apenas a forma cinzenta tenha uma utilização importante na indústria. O arsénio é um dopante do tipo n comum em dispositivos electrónicos semicondutores, e o composto optoelectrónico arsenieto de gálio é o semicondutor mais comum em uso depois do silício dopado. O arsénio e os seus compostos, especialmente o trióxido, são utilizados na produção de pesticidas, produtos de madeira tratada, herbicidas e insecticidas. No entanto, o arsénio é notoriamente venenoso para a vida multicelular, embora algumas espécies de bactérias sejam capazes de utilizar compostos de arsénio como metabolitos respiratórios. A contaminação das águas subterrâneas com arsénio é um problema que afecta milhões de pessoas em todo o mundo.

Número atómico: 33

Peso atómico: 74,92160

Ponto de fusão: 1090 K (817°C ou 1503°F)

Ponto de ebulição: 887 K (614°C ou 1137°F)

Densidade: 5,776 gramas por centímetro cúbico

Fase à temperatura ambiente: Sólida

Classificação do elemento: Semi-metal

Número do período: 4 **Número do grupo:** 15 **Nome do grupo:** Pnictogen

Energia de ionização: 9,815 e

Estados de oxidação: +5, +3, -3

Configuração do invólucro do eletrão:

$1s^2$

$2s^2\ 2p^6$

$3s^2\ 3p^6\ 3d^{10}$

$4s^2\ 4p^3$

Propriedades físicas:-

Os três alótropos de arsénio mais comuns são o arsénio cinzento metálico, o amarelo e o preto, sendo o cinzento o mais comum. O arsénio cinzento (a-As, grupo espacial R3m n.º 166) adopta uma estrutura de camada dupla constituída por muitos anéis de seis membros entrelaçados. Devido à fraca ligação entre as camadas, o arsénio cinzento é frágil e tem uma dureza Mohs relativamente baixa de 3,5. Os vizinhos mais próximos e os mais próximos formam um complexo octaédrico distorcido, com os três átomos da mesma camada dupla ligeiramente mais próximos do que os três átomos da camada seguinte. Este empacotamento relativamente próximo conduz a uma densidade elevada de 5,73 g/cm^3 . O arsénio cinzento é um semi-metal, mas torna-se um semicondutor com um intervalo de banda de 1,2-1,4 eV se for amorfizado. O arsénio cinzento é também a forma mais estável. O arsénio amarelo é macio e ceroso, e um pouco semelhante ao tetrafósforo (P4). Ambos têm quatro átomos dispostos numa estrutura tetraédrica em que cada átomo está ligado a cada um dos outros três átomos por uma única ligação. Este alótropo instável, sendo molecular, é o mais volátil, menos denso e mais tóxico. O arsénio sólido amarelo é produzido pelo arrefecimento rápido do vapor de arsénio, As4. É rapidamente transformado em arsénio cinzento pela luz. A forma amarela tem uma densidade de 1,97 g/cm³ . O arsénio negro é semelhante em estrutura ao fosfóro vermelho. O arsénio negro pode também ser formado por arrefecimento de vapor a cerca de 100-220°C. É vítreo e quebradiço. É também um mau condutor elétrico. O arsénio é utilizado como agente dopante em dispositivos de estado sólido. O arsenieto de gálio é utilizado em lasers que convertem eletricidade em luz coerente. O arsénio é utilizado em pirotecnia, endurecendo e melhorando a esfericidade do tiro, e no bronzeamento. Os compostos de arsénio são utilizados como insecticidas e noutros venenos. O arsénico encontra-se no seu estado nativo, no realgar e no orpiment Como sulfuretos, como arsenieto e arsenieto de enxofre de metais pesados, como arseniatos e como óxido.

Fig.13. Arsénio natural

ENXOFRE

O enxofre, o décimo elemento mais abundante no universo, é conhecido desde a antiguidade. Por volta de 1777, Antoine Lavoisier convenceu o resto da comunidade científica de que o enxofre era um elemento. O enxofre é um componente de muitos minerais comuns, como a galena (PbS), o gesso ($CaSO_4 \cdot 2(H_2O)$), a pirite (FeS_2), a esfalerite (ZnS ou FeS), o cinábrio (HgS), a estibnite (Sb_2S_3), a epsomite ($MgSO_4 \cdot 7(H_2O)$), a celestite ($SrSO_4$) e a barite ($BaSO_4$). Cerca de 25% do enxofre produzido atualmente é recuperado de operações de refinação de petróleo e como subproduto da extração de outros materiais de minérios contendo enxofre. A maior parte do enxofre produzido atualmente é obtida a partir de depósitos subterrâneos, normalmente encontrados em conjunto com depósitos de sal, através de um processo conhecido como processo Frasch. O enxofre é um material amarelo pálido, inodoro e quebradiço. Apresenta três formas alotrópicas: ortorrômbica, monoclínica e amorfa. A forma ortorrômbica é a forma mais estável do enxofre. O enxofre monoclínico existe entre as temperaturas de 96°C e 119°C e volta à forma ortorrômbica quando arrefecido. O enxofre amorfo é formado quando o enxofre fundido é rapidamente arrefecido. O enxofre amorfo é macio e elástico e eventualmente volta à forma ortorrômbica. A maior parte do enxofre produzido é utilizada no fabrico de ácido sulfúrico (H_2SO_4). Grandes quantidades de ácido sulfúrico, cerca de 40 milhões de toneladas, são utilizadas todos os anos no fabrico de fertilizantes, baterias de chumbo-ácido e em muitos processos industriais. Quantidades menores de enxofre são utilizadas para vulcanizar borrachas naturais, como inseticida (o poeta grego Homero mencionou o "enxofre pestífero" há quase 2.800 anos!), no fabrico de pólvora e como agente de tingimento. Para além do ácido sulfúrico, o enxofre forma outros compostos interessantes. O sulfureto de hidrogénio (H_2S) é um gás que cheira a ovos podres. O dióxido de enxofre (SO_2), formado pela queima do enxofre no ar, é utilizado como agente branqueador, solvente, desinfetante e refrigerante. Quando combinado com água (H_2O), o dióxido de enxofre forma ácido sulfuroso (H_2SO_3), um ácido fraco que é um dos principais componentes da chuva ácida.
Número atómico: 16

Peso atómico:32.065
Ponto de fusão:388,36 K (115,21°C ou 239,38°F)
Ponto de ebulição: 717,75 K (444,60°C ou 832,28°F)
Densidade:2,067 gramas por centímetro cúbico
Fase à temperatura ambiente: Sólida
Classificação do elemento: Não-Metal
Número do período: 3
Número do grupo: 16
Nome do grupo: Calcogénio
Abundância estimada da crosta terrestre: 3.50*102 miligramas por quilograma
Abundância oceânica estimada: 9,05*102 miligramas por litro
Número de isótopos estáveis: 4
Energia de ionização: 10.360 Ev
Estados de oxidação: +6, +4, -2
<u>**Configuração do invólucro do eletrão:**</u>
$1s2$

$2s^2\ 2p^6$

$3s2\ 3p4$

Propriedades físicas

À temperatura ambiente, o enxofre é um sólido macio, amarelo brilhante, com um odor fraco, semelhante ao de um fósforo aceso; um forte odor sulfuroso é geralmente atribuído à presença de sulfureto de hidrogénio ou compostos relacionados. O enxofre é um isolante elétrico, com um ponto de fusão ligeiramente superior a 100 °C; o enxofre está facilmente sujeito a sublimação. O enxofre fundido aumenta de viscosidade à medida que a temperatura aumenta, em nítido contraste com a maioria dos outros elementos na sua forma líquida até 200 °C, devido à formação de polímeros. A forma de enxofre fundido assume uma cor vermelha escura acima desta temperatura limite. A temperaturas ainda mais elevadas, a viscosidade diminui, ocorrendo a despolimerização.

Fig.14. Uma amostra de enxofre

Propriedades químicas

A queima do enxofre produz gás dióxido de enxofre, emitindo uma chama azul no processo. O dióxido de enxofre é conhecido pelo seu odor pungente e sufocante. O enxofre é insolúvel em água, mas solúvel em dissulfureto de carbono e um pouco solúvel noutros solventes orgânicos não polares, como os aromáticos benzeno e tolueno. No estado sólido, o enxofre apresenta-se carateristicamente como uma molécula cíclica S8 em forma de coroa. A cristalografia do enxofre é um assunto complexo, uma vez que os alótropos de enxofre formam várias estruturas cristalinas, com formas S8 rômbicas e monoclínicas.

APLICAÇÃO-

O enxofre é um bom exemplo de um material que pode ser produzido a partir de resíduos industriais. Nos países ocidentais, existem grandes quantidades de enxofre recuperadas a partir de gases de combustão depurados na combustão de combustíveis fósseis.

BISMUTH

O bismuto, conhecido desde a Antiguidade, era frequentemente confundido com o <u>chumbo</u> e o estanho. O bismuto foi demonstrado pela primeira vez como um elemento distinto em 1753 por Claude Geoffroy, o Jovem. O bismuto ocorre livre na natureza e em minerais como a bismutinite (Bi_2S_3) e a bismite (Bi_2O_3). Os maiores depósitos de bismuto encontram-se na Bolívia, embora o bismuto seja normalmente obtido como subproduto da extração e refinação de chumbo, cobre, estanho, prata e ouro. O bismuto puro é um metal branco e quebradiço, com uma ligeira cor rosada. O bismuto é normalmente misturado com outros metais, como o chumbo, o estanho, o ferro ou o cádmio, para formar ligas de baixo ponto de fusão. Estas ligas são utilizadas em coisas como sistemas automáticos de aspersão contra incêndios, sistemas de deteção de incêndios e fusíveis eléctricos. O óxido de bismuto (Bi_2O_3), um composto de bismuto, é utilizado como pigmento amarelo em tintas e cosméticos. O oxicloreto de bismuto (BiOCl) é utilizado para produzir um pigmento conhecido como branco de bismuto. O carbonato de bismuto ($Bi_2(CO_3)_3$) é utilizado para tratar a diarreia e as úlceras gástricas. Pensava-se que era o isótopo estável mais pesado que existia na natureza, mas experiências realizadas em 2002 mostraram que o bismuto-209 é instável e decai em tálio-205 através de decaimento alfa. O bismuto-209 tem uma semi-vida de cerca de 19.000.000.000.000.000.000.000 anos.

Número atómico: 83

Peso atómico: 208,98040

Ponto de fusão: 544,55 K (271,40°C ou 520,52°F)

Ponto de ebulição: 1837 K (1564°C ou 2847°F)

Densidade: 9,807 gramas por centímetro cúbico

Fase à temperatura ambiente: Sólida

Classificação do elemento: Metal

Número do período: 6 **Número do grupo:** 15 **Nome do grupo:** Pnictogénio Radioativo

Abundância Crustal Estimada: $8.5*10^{-3}$ miligramas por quilograma

Abundância oceânica estimada: $2x10{-5}$ miligramas por litro

Número de isótopos estáveis:0

Energia de ionização: 7,289 eV

Estados de oxidação: +5, +3

<u>**Configuração do invólucro do eletrão:**</u>

$1s^2$

$2s^2\ 2p^6$

$3s^2\ 3p^6\ 3d^1$

$4s^2\ 4p^6\ 4d^{10}\ 4f^{14}$

$5s^2\ 5p^6\ 5d^{10}$

$6s^2\ 6p^3$

Fig.15. Cristais de bismuto

Propriedades físicas

O bismuto é um metal quebradiço com uma tonalidade branca e rosa-prateada, que ocorre frequentemente na sua forma nativa, com manchas de óxido aniridescente que apresentam muitas cores, do amarelo ao azul. A estrutura em espiral e em degraus dos cristais de bismuto é o resultado de uma taxa de crescimento mais elevada nos bordos exteriores do que nos bordos interiores. A variação na espessura da camada de óxido que se forma na superfície do cristal faz com que diferentes comprimentos de onda da luz interfiram na reflexão, exibindo assim um arco-íris de cores. Quando queimado em oxigénio, o bismuto arde com uma chama azul e o seu óxido forma fumos amarelos. A sua toxicidade é muito inferior à dos seus vizinhos na tabela periódica, como o chumbo, o antimónio e o polónio. Nenhum outro metal é considerado naturalmente mais diamagnético do que o bismuto. (De todos os metais, tem um dos valores mais baixos de condutividade térmica (depois do manganês, e talvez do neptúnio e do plutónio) e o coeficiente Hall mais elevado. Tem uma elevada resistência eléctrica. Quando depositado em camadas suficientemente finas num substrato, o bismuto é um semicondutor, em vez de outro metal. O bismuto elementar é mais denso na fase líquida do que na sólida, uma caraterística que partilha com o antimónio, o germânio, o silício e o gálio. O bismuto expande-se 3,32% na solidificação; por isso, foi durante muito tempo um componente de ligas tipográficas de baixo ponto de fusão, onde compensava a contração dos outros componentes da liga, para formar ligas eutécticas quase isostáticas de bismuto-chumbo.

Embora praticamente invisível na natureza, o bismuto de elevada pureza pode formar cristais de funil coloridos e distintos. É relativamente não tóxico e tem um ponto de fusão baixo, um pouco acima dos 271 °C, pelo que os cristais podem ser cultivados utilizando um fogão doméstico, embora os cristais resultantes tendam a ser de menor qualidade do que os cristais cultivados em laboratório.

Em condições ambientais, partilha a mesma estrutura em camadas que as formas metálicas do arsénio e do antimónio, cristalizando na rede termoédrica (símbolo de Pearson hR6, grupo espacial R3m n.º 166), que é frequentemente classificada em sistemas cristalinos trigonais ou hexagonais. Quando comprimida à temperatura ambiente, esta estrutura Bi-I muda primeiro para a monoclínica Bi-II a 2,55 GPa, depois para a tetragonal Bi-III a 2,7 GPa e, finalmente, para a cúbica de corpo centrado Bi-IV a 7,7 GPa. As transições correspondentes podem ser monitorizadas através de alterações na condutividade eléctrica; são bastante reprodutíveis e abruptas, pelo que são utilizadas para calibração de equipamento de alta pressão.

3.2. Cálculos estequiométricos:

Para calcular o peso da amostra, utilizámos uma fórmula que se chama fórmula estrocimétrica. Agora estamos a preparar 1gm de amostra. De acordo com a composição do peso, cada constituinte é calculado.

Cálculo estequiométrico de $Bi_6As_{40}S_{54}$

Peso total= 6*MW de Bi+40*MW de As+54xMW de S
$\qquad$ =6x208,98040+40x74,92159+54x32,065 =1253,8824+2996,8636+1731,51
$\qquad$ =5982,256

Peso de Bi= MW Bi/Peso total
$\qquad$ =1253.8824/5982.256
$\qquad$ =0,2096gm

Peso do As=MW As/Peso total
$\qquad$ =2996.8636/5982.256
$\qquad$ =0,5009gm

Peso de S=MW S/Peso total
$\qquad$ =1731.51/5982.256

$$= 0{,}28944gm$$

Peso total=0,2096gm+0,5009gm+0,2894gm =0,9999gm

Cálculo estequiométrico do As40S60

Peso total=40*MW de As+60*MW de S

$$=40 \times 74.92159 + 60 \times 32.065$$
$$=2996.8636 + 1923.9$$
$$=4920.7636$$

Peso do As=40xMW As/Total Wgt

$$=40 \times 74.92159 / 4920.7636$$
$$=2996.8636 / 4920.7636$$
$$=0{,}6090gm$$

Peso de S=60xMW de S/Total Wgt

$$=1923.9 / 4920.7636$$
$$=0{,}3909gm$$

Peso total=0,6090gm+0,3909gm

$$=1gm$$

3.3. Preparação de amostras a granel (método de arrefecimento por fusão)

Este é o método mais antigo de produzir um sólido amorfo. Trata-se de arrefecer a matéria do material de forma suficientemente rápida. No passado, os materiais amorfos produzidos por este processo eram designados por vidros. Aqui definimos tais materiais, aqueles que exibem fenómenos de transição vítrea (descontinuidades no calor específico, etc.) e, por conseguinte, não são necessariamente formados apenas por arrefecimento por fusão, mas a grande maioria dos sólidos amorfos arrefecidos por fusão apresentam um comportamento de transição vítrea. A caraterística distintiva da extinção por fusão de sólidos amorfos é o endurecimento contínuo (isto é, o aumento da viscosidade) da fusão. No entanto, a cristalização da massa fundida ocorre por solidificação descontínua, o crescimento sólido ocorre apenas na interface líquido-sólido, o que faz com que os cristalitos cresçam no corpo da massa fundida. Para a formação de vidro a partir da massa fundida é necessário que o arrefecimento seja suficientemente rápido para produzir a nucleação e o crescimento de cristais. A fase cristalina é termodinamicamente mais estável e o crescimento dos cristais dominará sempre sobre a formação da fase amorfa, se tal for permitido. A taxa de cristalização de um líquido sub-arrefecido depende da taxa de nucleação de cristais e da velocidade com que a interface cristal-líquido se move. Ambos dependem da temperatura reduzida e do subarrefecimento. Espera-se que "u" seja proporcional à função "ATr" e inversamente proporcional ao tempo médio de salto "T" dos átomos na região interfacial. O valor de 'T' pode ser esperado como a viscosidade. Assim, valores elevados de viscosidade reduzem a velocidade de cristalização e, consequentemente, a própria taxa de cristalização. A nucleação de cristalitos num líquido pode ser heterogénea ou homogénea.

Processo:

Para preparar a amostra global As40S60 e Bi6As40S54, começámos por calcular o peso dos diferentes elementos através de cálculos estequiométricos. Em seguida, foram montados numa ampola feita de quartzo. A ampola foi evacuada com ar e foi criado um vácuo da ordem dos 10^5 torr utilizando uma bomba rotativa e uma bomba de difusão. Em seguida, a parte superior da ampola foi selada. Utilizou-se um tubo de cerâmica, uma vez que resiste a altas temperaturas e é aberto em ambas as extremidades. Em seguida, foi mantido dentro de um forno. O forno está equipado com um motor que faz rodar os tubos em que a amostra foi recolhida. O forno foi mantido a 1000º C e deixado durante 36 horas.

Para arrefecer a amostra, utilizou-se um balde com água gelada. Introduziu-se subitamente uma barra de ferro no tubo de cerâmica para empurrar a amostra em direção à água gelada que estava colocada na outra extremidade do tubo. Após o arrefecimento, a ampola foi partida e separada das diferentes amostras a granel.

Fig.16. Forno para preparação de amostras globais

3.4. Preparação de películas finas: Evaporação térmica

Esta técnica é o método mais fácil e mais utilizado para produzir películas finas amorfas. Neste método, os sólidos amorfos são produzidos por deposição de vapor. É muito simples, o composto inicial é vaporizado e o material é chamado num substrato. A evaporação é efectuada em vácuo para reduzir a contaminação.

<u>A bomba rotativa</u>

A bomba de vácuo rotativa selada a óleo é amplamente utilizada para estabelecer o vácuo prévio necessário para o funcionamento de bombas de alto vácuo. A bomba rotativa é fabricada em aço macio e é constituída por duas partes, uma denominada estator e a outra rotor. O estator é um bloco que contém um cilindro oco com um diâmetro adequado de algumas dezenas de centímetros. A designação "estator" deve-se ao facto de ser a parte fixa da bomba. O nome estator é dado porque esta é a parte estacionária da bomba.

O rotor consiste num cilindro sólido com um diâmetro adequadamente mais curto em comparação com o estator e o próprio nome indica que roda dentro do estator. O rotor tem duas palhetas com mola, com o mesmo comprimento que o cilindro do rotor, que se projetam para fora do rotor nos seus lados e pressionam firmemente as paredes do estator em lados opostos. O rotor é montado excentricamente no interior do estator, de modo a pressionar firmemente contra o rotor ao longo da linha superior paralela ao rotor. Existem duas aberturas na parte superior do estator, acima dos dois espaços anulares de menor volume, uma das quais conduz ao orifício de entrada da bomba, ao qual é ligado o vácuo ou o espaço a bombear. O outro orifício conduz ao orifício de escape através de uma válvula de mola que abre apenas para o exterior e não permite o retorno do ar bombeado para a bomba através desse orifício. Para proteção adicional contra fugas de ar para o sistema, a válvula é imersa em óleo mineral, denominado óleo da bomba rotativa. Há também um traço de óleo entre o estator e o rotor para lubrificar a bomba durante o movimento do rotor.

<u>A bomba de difusão de óleo</u>

A bomba de difusão de óleo é utilizada para criar um vácuo da ordem de 10^{-5} a 10^{-7} torr na câmara de vácuo, depois de o vácuo inicial ou o "vácuo bruto" da ordem de 10^{-2} a 10^{-3} torr ter sido criado na câmara de vácuo com a ajuda de uma bomba rotativa. A bomba de difusão baseia-se no princípio do arrastamento da molécula de gás pelos vapores do fluido da bomba de difusão. As moléculas de gás da câmara são arrastadas ou difundidas juntamente com o fluxo de vapor do fluido da bomba de difusão, daí o nome bomba de difusão.

A bomba de difusão consiste num recipiente cilíndrico oco com um diâmetro interno que varia entre 5 cm e 30 a 50 cm ou mais nas unidades comerciais. As bombas de difusão convencionais de laboratório têm diâmetros de cerca de 10 cm ou 15 cm e têm comprimentos adequados proporcionais aos seus diâmetros. O comprimento típico é de cerca de 50 cm no caso de uma bomba de laboratório. No interior do cilindro oco existe uma estrutura do tipo chaminé. Esta tem três ou mais aberturas de diâmetro progressivamente pequeno a diferentes alturas a partir do fundo. Estas aberturas são fechadas por estruturas em forma de cone que bloqueiam a abertura no topo. Na parte inferior do cilindro oco, encontra-se uma pequena quantidade do fluido da bomba de difusão, designado por óleo da bomba de difusão.

As desvantagens da evaporação térmica como técnica preparativa residem na variabilidade da pureza e da composição das películas resultantes (caso das ligas). Muitos factores produzem esta variabilidade e alguns são (1) Temperatura do substrato (2) Separação e orientação da fonte do substrato (3) Pressão do gás de base na câmara (4) Impurezas do barco de evaporação (5) Temperatura do barco ou do filamento.

Evaporação térmica

As técnicas de evaporação ou sublimação são amplamente utilizadas para a preparação de películas finas. Um grande número de materiais pode ser evaporado e, se a evaporação for efectuada em sistema de vácuo, a temperatura de evaporação será consideravelmente reduzida; a quantidade de impurezas na camada em crescimento será minimizada.

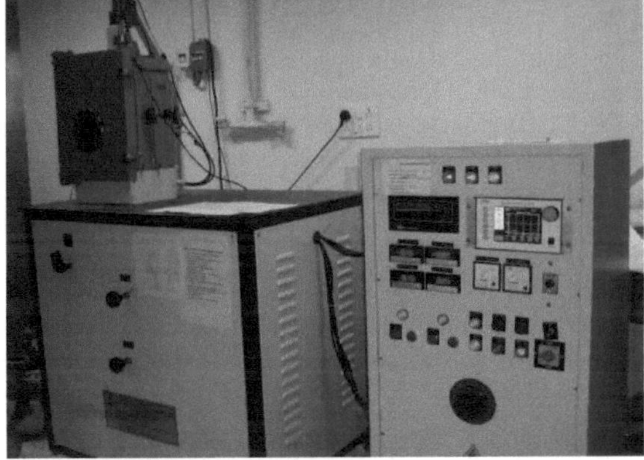

Fig.17. Evaporação térmica Unidade de revestimento

Para evaporar materiais no vácuo, é necessária uma fonte de vapor que suporte o evaporado e forneça o calor de vaporização, permitindo simultaneamente que a carga de evaporado atinja uma temperatura suficientemente elevada para produzir a pressão de vapor desejada e, consequentemente, a taxa de evaporação, sem reagir quimicamente com o evaporado. Para evitar a contaminação do evaporante e, por conseguinte, da película em crescimento, o próprio material de suporte deve ter uma pressão de vapor negligenciável e uma temperatura de dissociação da temperatura de funcionamento. O sistema de evaporação por feixe de laser e o feixe penetram através de uma janela e são focados no material evaporado, que é normalmente um pó fino.

Películas finas preparadas pelo método de evaporação térmica a uma pressão de base de 1×10^{-5} Torr a partir do vidro a granel preparado para os substratos de vidro (lâminas de microscópio). Durante o processo de deposição (em incidência normal). Os substratos foram rodados de forma adequada para obter películas de espessura uniforme. A espessura das películas era de cerca de 1000nm.

CAPÍTULO IV
Estudo experimental
3.1. Técnica de difração de raios X

A difração de raios X (XRD) é uma técnica analítica baseada na dispersão de raios X de materiais cristalinos. Cada material produz um padrão de raios X único de intensidade de raios X versus ângulo de dispersão que é caraterístico da sua estrutura cristalina. A análise qualitativa é possível através da comparação do padrão de XRD de um material desconhecido com uma biblioteca de padrões conhecidos, designada por "joint committee for powder diffraction standards" (JCPDS)

Quando um feixe paralelo de raios X monocromáticos é irradiado sobre uma amostra, a rede atómica da amostra actua como uma grelha de difração tridimensional, fazendo com que o feixe de raios X seja difractado num ângulo específico. A interação dos raios incidentes com a amostra produz uma interferência construtiva quando a condição satisfaz a Lei de Bragg (NA 2d sin 0). A lei de Bragg relaciona o comprimento de onda da radiação electromagnética com o ângulo de difração e o espaçamento da rede numa amostra cristalina. Estes raios X difractados são depois detectados, processados e contados. Ao fazer o varrimento da amostra numa gama de 20 ângulos, devem ser obtidas todas as direcções de difração possíveis da rede, devido à orientação aleatória da amostra. A conversão dos picos de difração em espaçamento d permite a identificação do material, uma vez que cada material tem um conjunto de espaçamentos d únicos. Isto é conseguido através da comparação do espaçamento d com padrões de referência normalizados

A difração de raios X (XRD) é uma técnica analítica que analisa a dispersão de raios X de materiais cristalinos. Cada material produz uma "impressão digital" única de raios X de intensidade de raios X versus ângulo de dispersão que é caraterística da sua estrutura atómica cristalina. A análise qualitativa é possível através da comparação do padrão XRD de um material desconhecido com um grupo de padrões conhecidos.

Geração de raios X:

Os raios X são geralmente produzidos por radiação sincrotrónica. Quando os metais, como o cobre, o molibdénio, o tungsténio, etc., são bombardeados diretamente com uma corrente de electrões de alta energia ou de partículas radioactivas, são emitidos raios X (comprimentos de onda da ordem de 0,1-100A) devido às transições que envolvem os electrões da camada K e da camada L [55]. [55] Isto pode ser simplesmente expresso da seguinte forma:

"Um cátodo, sob a forma de um fio metálico, quando aquecido eletricamente, emite electrões. Se uma tensão positiva, sob a forma de um ânodo (alvo constituído pelos metais acima mencionados), for colocada perto desses electrões, estes são acelerados em direção ao ânodo. Ao atingirem o ânodo, os electrões transferem a sua energia para a superfície metálica, que emite radiação de raios X. Isto é referido como *raios X primários*".

Para aplicações de difração, apenas são utilizados raios X duros ou raios X de comprimento de onda mais curto, na gama de $0,1A^0$. Isto deve-se ao facto de o comprimento de onda se situar na gama comparável do tamanho dos átomos.

Aplicações de XRD:

Devido à sua natureza não destrutiva, a técnica de difração de raios X tem muitas aplicações. Algumas delas são mencionadas de seguida.

- Identificar não só os elementos, mas também os compostos e as suas fases.
- Para determinar a cristalinidade, orientação, expansão térmica e tamanho.
- Medir a espessura, a densidade da película, a rugosidade da película, a morfologia da

superfície, as camadas simples e múltiplas de películas finas.
- Podem ser estudadas a caraterização estrutural, a quantificação da deformação e o relaxamento em estruturas multicamadas.
- Limites de deteção: ~3% numa mistura de duas fases; pode ser ~0,1% com radiação sincrotrónica

Vantagens da utilização de raios X:
- Identificação rápida de materiais,
- Fácil preparação de amostras,
- Identificação de materiais assistida por computador,
- Grande biblioteca de estruturas cristalinas conhecidas.

Limitações da XRD
- Não é uma técnica "autónoma" - necessita frequentemente de dados químicos.
- Espectros complicados - materiais multifásicos - a identificação / quantificação pode ser difícil.

Como funciona a difração: Lei de Braggs

A lei de Bragg dá os ângulos de dispersão de uma rede cristalina. Quando os raios X incidem sobre um átomo, a nuvem de electrões move-se ao longo das ondas electromagnéticas. Este movimento da nuvem de carga irradia ondas da mesma frequência, sendo este fenómeno designado por dispersão de Rayleigh, que é de natureza elástica. Embora a onda dispersa possa sofrer uma dispersão secundária, esta deve ser negligenciável.

Ocorre um processo semelhante com a dispersão de ondas de neutrões dos núcleos ou por uma interação coerente de spin com um eletrão não emparelhado. Estes campos de ondas reemitidos interferem uns com os outros de forma construtiva ou destrutiva (somam-se para produzir picos mais fortes ou subtraem-se uns aos outros até certo ponto), produzindo um padrão de difração num detetor ou película. O padrão de interferência de ondas resultante é a base da análise de difração. Esta análise é designada por *difração de Bragg*.

A difração de Bragg ou a **formulação de Bragg da difração de raios X** foi proposta pela primeira vez por William L. Bragg e W. H. Bragg em 1913, em resposta à sua descoberta de que os sólidos cristalinos produziam padrões surpreendentes de raios X reflectidos. Descobriram que estes cristais, em determinados comprimentos de onda e ângulos de incidência específicos, produziam picos intensos de radiação reflectida, conhecidos como Pico de Bragg. O conceito de difração de Bragg aplica-se igualmente aos processos de difração de neutrões e de difração de electrões. Os comprimentos de onda dos neutrões e dos raios X são comparáveis às distâncias inter-atómicas (~150 pm), pelo que constituem uma excelente sonda para esta escala de comprimento. Esta análise é apresentada por uma equação simples designada por equação de Bragg.

$$n\lambda = 2d\sin\Theta \tag{1}$$

em que d = distância entre camadas atómicas num cristal
λ = Comprimento de onda do feixe de raios X incidente
n = Um número inteiro
Θ = Ângulo entre o raio incidente e os planos de dispersão.

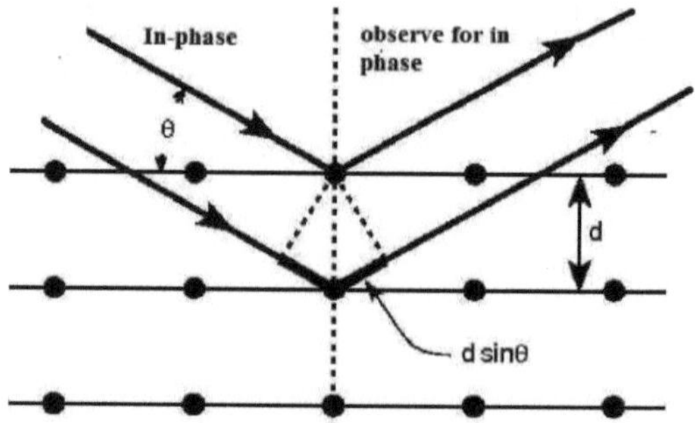

Fig.18. *Diagrama esquemático do princípio da difração de raios X*

Um cristal tridimensional real contém muitos conjuntos de planos. Para que haja difração, o cristal deve ter a orientação correta em relação ao feixe de entrada.

Cristal perfeito, infinito e feixe perfeitamente colimado: a condição de difração deve ser satisfeita "exatamente". Deformações, defeitos, efeitos de tamanho finito, resolução instrumental: os picos de difração são alargados.

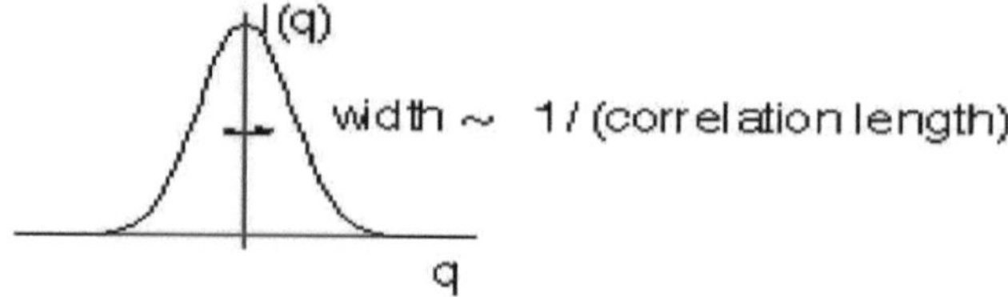

Mais formalmente, a intensidade de dispersão é proporcional ao quadrado da transformada de Fourier da densidade de carga:

$$I(\vec{q}) \propto \left| \int d^3r \; e^{i\vec{q}\cdot\vec{r}} \; \rho(\vec{r}) \right|^2$$

Onde p é a densidade de carga.

Para cristais perfeitos, *I(q)* consiste em funções delta (dispersão perfeitamente nítida). Para cristais imperfeitos, os picos são alargados. Para líquidos e vidros, é uma função contínua, que varia lentamente.

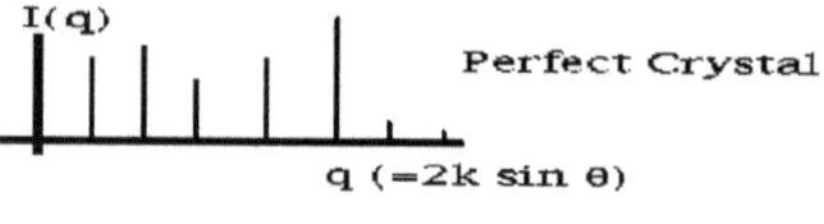

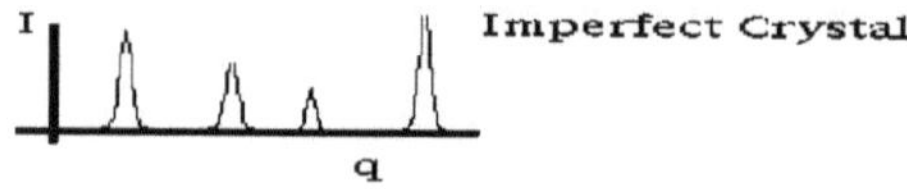

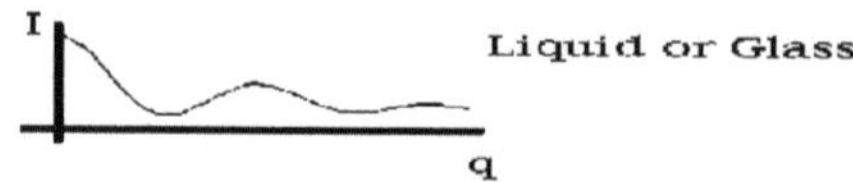

Fig.19. Perfeito, Imperfeito e Cristal Líquido)

Outras aplicações incluem:

o caraterização de materiais cristalinos

o determinação das dimensões da célula unitária

o medição da pureza da amostra

o Medir o espaçamento médio entre camadas ou filas de átomos.

o Determinar a orientação de um único cristal ou grão.

      o Encontrar a estrutura cristalina de um material desconhecido.

      o Medir o tamanho, a forma e a tensão interna de pequenas regiões cristalinas.

Nos estudos de difração de raios X, a probabilidade de os planos atómicos com orientações corretas serem expostos aos raios X é aumentada através da adoção de um dos seguintes métodos

1. Um único cristal é mantido imóvel e um feixe de radiação branca é inclinado sobre ele para um ângulo de viragem fixo 0, ou seja, 0 é fixo enquanto A varia. Diferentes comprimentos de onda presentes nas radiações brancas

Arranque do instrumento

1) O refrigerador de água está ligado. O refrigerador deve ser ajustado entre 19,8°c e 22,1 °C.
2) A fonte de alimentação principal do XRD está ligada.
3) O computador está ligado.

Funcionamento do raio X

Verificar a luz de alarme do lado direito.

A folha de cálculo do registo XRD é preenchida no ambiente de trabalho.

1. A amostra está carregada.
   a. O botão verde "porta aberta", situado no lado direito do aparelho, é premido.
   b. Suavemente, o puxador é puxado na nossa direção e as portas são deslizadas e abertas.
   c. A amostra é instalada segurando-a no lugar com uma mão e, com a outra, o palco para cima é pressionado até aos seus bloqueios chamados goniómetro.

2. No computador, expandir "XRD commander" e aumentar a potência, se necessário, da seguinte forma

   a. Aumentar KV em incrementos de 10kv com um intervalo de 30 segundos entre passos até atingir 40kv. O botão <set> após cada alteração é premido.

   b. Passo mA de 5-10, depois incrementos de 10mA até atingir 40mA.

   c. No lado esquerdo da janela do XRD commander existem botões <shutter> e <x-ray> para abrir e fechar o obturador ou ligar e desligar os raios X. O indicador à direita dos botões indica o estado do obturador e dos raios X. Quando a luz do obturador está verde, o obturador está fechado e as portas da cabina podem ser abertas.

2. Para uma análise rápida:
   a. No separador <ajustar> do XRD Commander, na parte inferior da página, introduzir os parâmetros de varrimento, início e fim.
   b. Tamanho do passo
   c. Tempo do passo
   d. Iniciar a verificação.
   e. Quando a digitalização estiver concluída, vá para <Guardar como>, dê um nome ao ficheiro e guarde-o. Os dados não podem ser guardados neste modo.

4. Para uma digitalização guardada automaticamente:

   f. No XRD Commander, o separador "jobs" é selecionado na parte inferior da página.

   g. O ícone "Criar trabalho" na barra de ferramentas é selecionado.

   h. Os campos ID da amostra, ficheiro de parâmetros e ficheiro em bruto estão preenchidos. O ficheiro de parâmetros deve ser selecionado.

   i. A digitalização é iniciada.
   j. A digitalização no separador de ajuste é observada.

k. Os dados são guardados automaticamente.

l. Quando o exame estiver concluído, a amostra é retirada.

5. Para criar um ficheiro de parâmetros permanente para uma digitalização guardada automaticamente:

1. É aberto o assistente XRD a partir do ícone na parte inferior do ambiente de trabalho.

2. O separador de edição rápida é selecionado.

3. As partes com um fundo branco são preenchidas conforme necessário.

4. É selecionada a opção "OK".

5. É selecionado 'FILE' para 'guardar como' e o ficheiro é nomeado. O ficheiro deve ser guardado automaticamente no ficheiro de parâmetros.

Fig.20. Difractómetro de raios X

3.2 Espectroscopia UV/VIS

Os espectrómetros de ultravioleta e visível têm sido utilizados em geral nos últimos 35 anos e, durante este período, tornaram-se o instrumento analítico mais importante no laboratório moderno. Em muitas aplicações, poderiam ser utilizadas outras técnicas, mas a espetrometria UV-visível é utilizada pela sua simplicidade, versatilidade, rapidez, exatidão e rentabilidade. **A espetroscopia ultravioleta-visível** ou **espetrofotometria ultravioleta-visível (UV)** refere-se à espetroscopia de absorção ou à espetroscopia de reflexão na região espetral ultravioleta-visível. Isto significa que utiliza luz nas gamas visível e adjacente (quase UV). A absorção ou reflectância na gama do visível afecta diretamente a cor percebida dos produtos químicos envolvidos. Nesta região do espetro eletromagnético, as moléculas sofrem transições electrónicas. Esta técnica é complementar à espetroscopia de fluorescência, na medida em que a fluorescência trata das transições do estado excitado para o estado fundamental, enquanto *a absorção* mede as transições do estado fundamental para o estado excitado.

O instrumento utilizado na espetroscopia do ultravioleta-visível chama-se **espetrofotómetro UV**. Mede a intensidade da luz que atravessa uma amostra (I) e compara-a com a intensidade da luz antes de esta atravessar a amostra (I_o). O rácio I/I_o é designado por *transmitância* e é normalmente expresso em percentagem (%T). A absorvância, A, baseia-se na transmitância:

A = -log (%T/100%)   **(2)**

O espetrofotómetro UV-visível pode também ser configurado para medir a reflectância. Neste caso, o espetrofotómetro mede a intensidade da luz reflectida por uma amostra (I) e compara-a com a intensidade da luz reflectida por um material de referência (I_o). O rácio I/I_0 é designado por *reflectância* e é normalmente expresso em percentagem (%R).

Os elementos básicos de um espetrofotómetro são uma fonte de luz, um suporte para a amostra, uma grelha de difração num monocromador ou num prisma para separar os diferentes comprimentos de onda da luz e um detetor. A fonte de radiação é frequentemente um filamento de tungsténio (300-2500 nm), uma lâmpada de arco de deutério, que é contínua na região ultravioleta (190-400 nm), uma lâmpada de arco de xénon, que é contínua de 160-2 000 nm; ou, mais recentemente, díodos emissores de luz (LED) para os comprimentos de onda visíveis. O detetor é normalmente um tubo fotomultiplicador, um fotodíodo, uma matriz de fotodíodos ou um dispositivo de acoplamento por carga (CCD). Os detectores de fotodíodo único e os tubos fotomultiplicadores são utilizados com monocromadores de varrimento, que filtram a luz de modo a que apenas a luz de um único comprimento de onda atinja o detetor de cada vez. O monocromador de varrimento move a grelha de difração para "passar" por cada comprimento de onda, de modo a que a sua intensidade possa ser medida em função do comprimento de onda. Os monocromadores fixos são utilizados com CCDs e matrizes de fotodíodos. Como estes dois dispositivos consistem em muitos detectores agrupados em matrizes unidimensionais ou bidimensionais, são capaz de recolher luz de diferentes comprimentos de onda em diferentes pixéis ou grupos de pixéis simultaneamente. Um espetrofotómetro pode ser de *feixe simples* ou *de feixe duplo*. Num instrumento de feixe simples, toda a luz passa através da célula de amostragem. O Io deve ser medido através da remoção da amostra. Esta foi a conceção mais antiga e continua a ser utilizada nos laboratórios de ensino e industriais. Num instrumento de feixe duplo, a luz é dividida em dois feixes antes de atingir a amostra. Um feixe é utilizado como referência; o outro feixe atravessa a amostra. A intensidade do feixe de referência é considerada como 100% de transmissão (ou 0 de absorvância), e a medição apresentada é o rácio das intensidades dos dois feixes. Alguns instrumentos de feixe duplo têm dois detectores (fotodíodos), e a amostra e o feixe de referência são medidos ao mesmo tempo. Noutros instrumentos, os dois feixes passam por um cortador de feixes, que bloqueia um feixe de cada vez. O detetor alterna entre a medição do feixe de amostra e a medição do feixe de referência em sincronismo com o chopper. Pode também haver um ou mais intervalos de escuridão no ciclo do chopper. Neste caso, as intensidades dos feixes medidos podem ser corrigidas subtraindo a intensidade medida no intervalo de escuridão antes de se obter o rácio.

As amostras para espetrofotometria UV/Vis são, na maioria das vezes, líquidas, embora a absorvância de gases e mesmo de sólidos também possa ser medida. As amostras são normalmente colocadas numa célula transparente, conhecida como cuvete. As cuvetes têm normalmente uma forma retangular, com uma largura interna de 1 cm. (Esta largura torna-se o comprimento do trajeto, /., na lei de Beer-Lambert.) Os tubos de ensaio podem também ser utilizados como cuvetes em alguns instrumentos. O tipo de recipiente de amostra utilizado deve permitir a passagem da radiação na região espetral de interesse. As cuvetes mais utilizadas são feitas de sílica fundida ou vidro de quartzo de alta qualidade, uma vez que são transparentes nas regiões do UV, do visível e do infravermelho próximo. As cuvetes de vidro e de plástico são também comuns, embora o vidro e a maioria dos plásticos absorvam no UV, o que limita a sua utilidade aos comprimentos de onda visíveis.

Foram também fabricados instrumentos especializados. Estes incluem a fixação de espectrofotómetros a telescópios para medir os espectros de elementos astronómicos. Os microespectrofotómetros UV-visível consistem num microscópio UV-visível integrado com um espetrofotómetro UV-visível.

Fig.21: Espectrómetro de UV

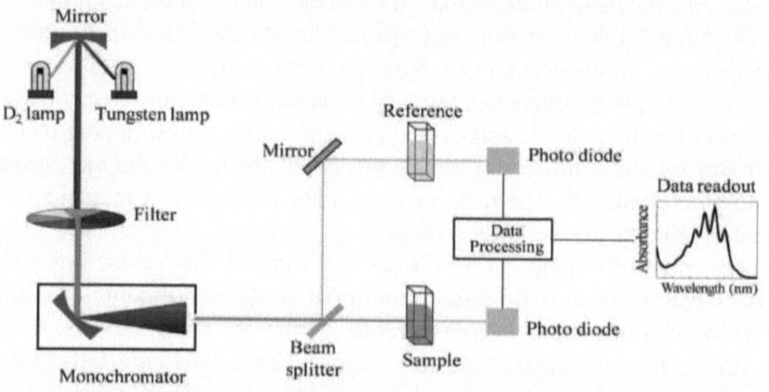

Fig.22: Esquema do espetrofotómetro UV-visível.

Um espetro completo da absorção em todos os comprimentos de onda de interesse pode frequentemente ser produzido diretamente por um espetrofotómetro mais sofisticado. Em instrumentos mais simples, a absorção é determinada um comprimento de onda de cada vez e depois compilada num espetro de

pelo operador. Ao remover a dependência da concentração, o coeficiente de extinção (e) pode ser determinado em função do comprimento de onda.

APLICAÇÕES:-

A espetroscopia UV-visível de amostras microscópicas é efectuada através da integração de um microscópio ótico com ótica UV-visível, fontes de luz branca, um monocromador e um detetor sensível, como um dispositivo de carga acoplada (CCD) ou um tubo fotomultiplicador. Uma vez que só está disponível um único percurso ótico, trata-se de instrumentos de feixe único. Os instrumentos modernos são capazes de medir espectros UV-visível, tanto em termos de reflexão como de transmissão, em áreas de amostragem à escala micrónica. As vantagens da utilização destes instrumentos residem no facto de serem capazes de medir amostras microscópicas, mas também de medir os espectros de amostras maiores com elevada resolução espacial. Como tal, são utilizados no laboratório forense para analisar os corantes e pigmentos em fibras têxteis individuais, lascas de tinta microscópicas e a cor de fragmentos de vidro. São também utilizados na ciência dos materiais e na investigação biológica e para determinar o teor energético do carvão e das rochas petrolíferas através da medição da reflectância da vitrinite. Os microespectrofotómetros são utilizados na indústria dos semicondutores e da micro-ótica para controlar a espessura das películas finas após a sua deposição. Na indústria dos semicondutores, são utilizados porque as dimensões críticas dos circuitos são microscópicas. Um teste típico de uma pastilha semicondutora implicaria a aquisição de espectros de muitos pontos numa pastilha com ou sem padrão. A espessura das películas depositadas pode ser calculada a partir do padrão de interferência dos espectros. Pode então ser gerado um mapa da espessura da película em toda a bolacha, que pode ser utilizado para efeitos de controlo de qualidade.

CAPÍTULO 5
RESULTADOS E DISCUSSÃO
5.1 ANÁLISE POR DIFRACÇÃO DE RAIOS X

Os padrões de difração de raios X das películas As40S60 e Bi06As40S54 foram obtidos à temperatura ambiente. A natureza estrutural é determinada pelos diferentes picos que correspondem a diferentes planos nos materiais. A ausência de picos estruturais nítidos para as três películas finas confirma a natureza amorfa da amostra. Os três espectros são muito semelhantes, sem picos cristalinos. Existe um pico largo entre 20 -35^{00} que é a assinatura do pico amorfo.

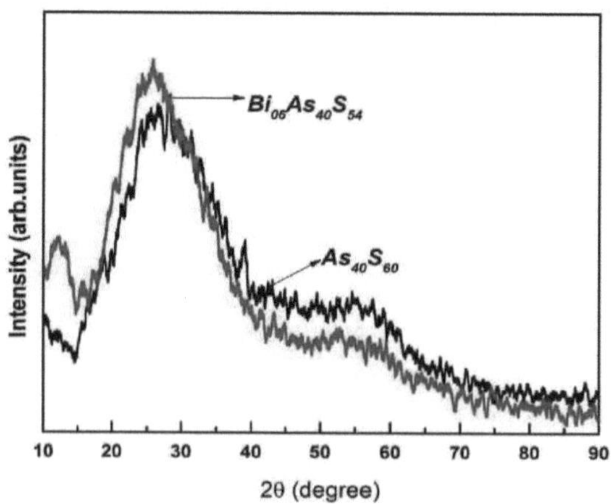

Fig-23- Gráfico XRD para as películas finas de As40S60 e Bi06As40S54.

5.2 ANÁLISE DOS ESPECTROS UV-VISÍVEIS
(A)Cálculo do índice de refração

O índice de refração do substrato é determinado medindo o espetro de transmissão apenas do substrato de vidro limpo e utilizando o valor de s=1,51, em que 's' é o índice de refração do substrato de vidro. As constantes ópticas foram calculadas utilizando o método de Swanepoel [1]. De acordo com este método, a envolvente através dos máximos e mínimos de interferência é desenhada no espetro. O valor do índice de refração da película na região espetral de absorção fraca e média pode ser calculado utilizando a expressão

$$N=[N+(N^2-S^2)^{1/2}]^{1/2} \quad \text{---(1)}$$

$$\text{Where } N=2s\frac{T_M-T_m}{T_M T_m}+\frac{S^2+1}{2} \quad \text{--------------------- (2)}$$

Where T_M and T_m são os máximos e mínimos de transmissão correspondentes a um determinado comprimento de onda X e s é o índice de refração do vidro. A precisão desta estimativa inicial do índice de refração é melhorada após o cálculo da espessura da película "d" utilizando a equação básica para as franjas de interferência

$$2nd=m\,\lambda \quad \text{------------------(3)}$$

em que m é um número inteiro para os máximos e meio inteiro para os mínimos.

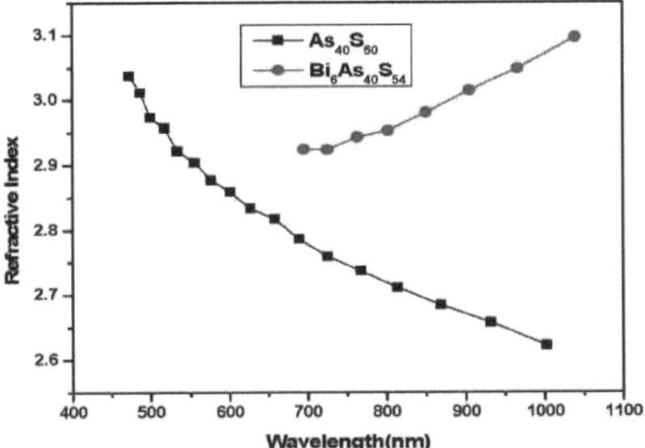

Fig. 24 - Gráfico do índice de refração versus comprimento de onda para as películas finas.

A Fig.24 mostra o gráfico do índice de refração em função do comprimento de onda. A diminuição do índice de refração com o comprimento de onda para a película de As2S3 mostra o comportamento normal de dispersão do material. Também se observou que o valor do índice de refração aumentou para Bi06As40S54 com a adição de Bi, em comparação com a película fina de As2S3. O aumento do índice de refração após a adição de Bi é uma consequência da modificação estrutural local, que aproxima os átomos de Bi dos átomos de As e S. Devido a esta modificação, verificar-se-á uma alteração do comprimento e do ângulo de ligação de várias ligações. No entanto, a estrutura permanece amorfa na sua natureza.

(B)Cálculo da espessura

Se n1 e n2 forem os índices de refração dos máximos (ou mínimos) adjacentes em λ_1 e λ_2, , resulta da equação que é a equação básica para a franja de interferência, ou seja, 2nd=m λ em que m é um número inteiro para os máximos e meio inteiro para os mínimos. A equação contém informações sobre o produto de "n" e "d" e não há forma de obter informações sobre "n" ou "d" separadamente utilizando apenas esta equação. A partir da equação de base para as franjas de interferência, a espessura é dada pela equação

$$d = \frac{\lambda_1\lambda_2}{2(\lambda_1 n_2 - \lambda_2 n_1)} \qquad \text{------------------(4)}$$

Os valores de "d" calculados a partir da equação são apresentados como d1 na tabela. Calcula-se o valor médio de d1. O valor de d1 pode agora ser utilizado com n1 para determinar os números de ordem para os extremos da equação básica de interferência. Um grande aumento de precisão resulta agora em tomar os valores exactos inteiros ou meio inteiros de 'm' para cada λ e calcular a espessura d2 a partir da equação básica da franja de interferência, utilizando novamente os valores de n1. O valor médio de d2 tem uma exatidão superior a 1%. O gráfico do comprimento de onda em função da espessura foi traçado e verificou-se que o Bi06As40S54 e o As2S3 apresentavam uma linha quase reta, indicando a uniformidade da película fina.

A tabela 1 mostra o cálculo da espessura da película de As2S3 que é quase igual ao d observado no monitor de espessura. A espessura da película de Bi06As40S54 é calculada na tabela 2.

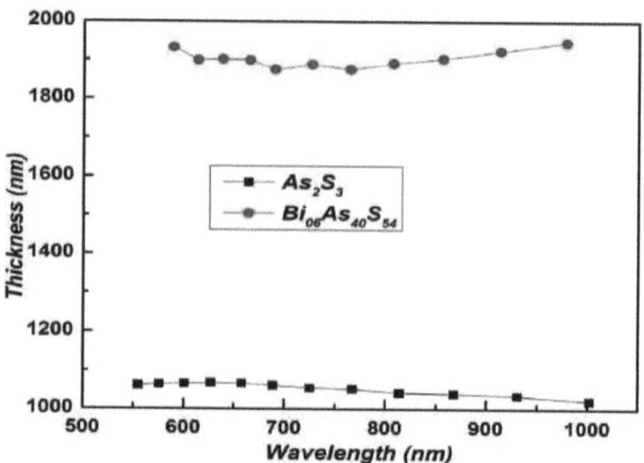

Fig.25.Gráfico de espessura vs comprimento de onda para as películas finas.

<u>Quadro 1</u>

As2S3

Sl n	JI	TM	Tm	N	n_1	d_1	m	d_2	n_2
1	473	0.6613	0.3911	4.7954	3.04561		13.5	1048	3.0378
2	487	.8079	0.4293	4.9369	3.09263		13	1023	3.0118
3	500	0.8438	0.4722	4.4568	3.0269	985	12.5	1066	2.9733
4	518	0.8884	0.4841	4.4795	3.0342	990	12	1057	2.9571
5	534	0.8979	0.4994	4.3215	2.9831	1085	11.5	1065	2.9215
6	555	0.9144	0.5061	4.3049	2.8872	1022	11	1061	2.9043
7	576	0.9127	0.5135	4.2134	2.8542	1079	10.5	1063	2.8772
8	601	0.9155	0.5195	4.1515	2.8317	1023	10	1065	2.8591
9	627	0.9172	0.5278	4.0697	2.8015	1031	9.5	1067	2.8337
10	658	0.9190	0.5318	4.0327	2.7878	1057	9	1066	2.8173
11	689	0.9190	0.5364	3.9841	2.7696	1119	8.5	1061	2.7861
12	725	0.9008	0.5345	3.9352	2.7512	1138	8	1054	2.7592
13	767	0.8905	0.5356	3.887	2.7328	1099	7.5	1052	2.7366
14	814	0.8853	0.5338	3.8862	2.7325	1143	7	1042	2.7107
15	868	0.8827	0.5380	3.8320	2.7118	1143	6.5	1040	2.6841
16	931	0.8827	0.5414	3.7968	2.6982	1093	6	1035	2.6574
17	1002	0.8890	0.5443	3.7913	2.6960	1157	5.5	1022	2.6217

Média $_{d1=1091}$ nm

Média $_{d2=1051}$ nm

<u>Quadro 2</u>

Bi06As40S54

Sl n	JI	TM	Tm	N	n	d_1	m	d_2	n_2
1	695	0.2286	0.1889	4.4217	2.9287		12	1423	2.9242
2	725	0.2438	0.2011	4.2717	2.8753		11.5	1449	2.9233
3	763	0.2589	0.2075	4.5306	2.9668	1535	11	1414	2.9428

4	802	0.2683	0.2139	4.5071	2.9586	1805	10.5	1423	2.9526
5	850	0.2786	0.2183	4.6351	3.0028	1405	10	1415	2.9803
6	905	0.2849	0.2217	4.6647	3.0130	1389	9.5	1426	3.0145
8	1039	0.3007	0.2279	4.8495	3.0753	1353	8.5	1435	3.096

Média $d_1 = 1471$ nm

Média $d_2 = 1426$ nm

(C)Coeficiente de absorção (a)

Os espectros de transmissão ótica das duas películas são apresentados na fig. 26, que mostra claramente a uniformidade da espessura da película devido às franjas de interferência periódicas. A deslocação ótica para o azul (para o lado de maior energia) no limite de absorção é visível no gráfico. O coeficiente de absorção a pode ser calculado utilizando a equação

$$\alpha = \frac{1}{d} ln\left(\frac{1}{T}\right) \qquad \text{-----------------------(5)}$$

onde d é a espessura da película (que é a espessura d2 nas tabelas) e T é a transmissão. O coeficiente de absorção (a) vs comprimento de onda (X) para a película AS2S3 e $Bi_{06}As_{40}S_{54}$ está representado na fig.26. Sempre que uma onda electromagnética se propaga no interior de um meio, a sua perda por absorção ou por dispersão é representada pelo coeficiente de absorção.

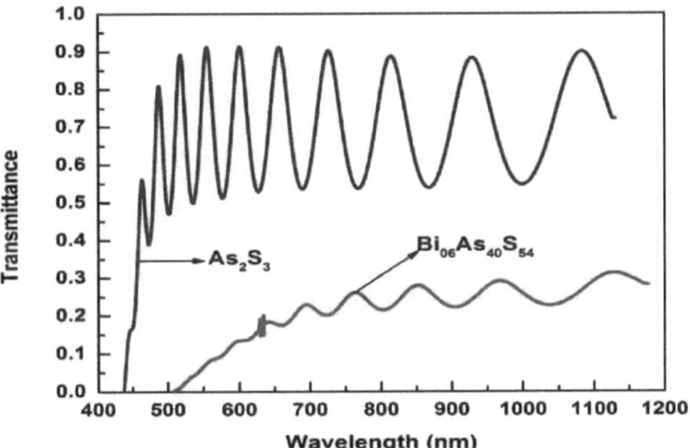

Fig.26. Espectros de transmissão das películas.

A fig.27, que mostra a dependência do coeficiente de absorção em relação ao comprimento de onda para as películas finas amorfas, mostra claramente que a diminui com o comprimento de onda. A redução de a com o comprimento de onda mostra que o material está a tornar-se transparente a comprimentos de onda mais elevados, o que o torna um material ótico útil numa gama de comprimentos de onda mais elevada. Foi observado que o coeficiente de absorção aumenta com a adição de Bi. Nos materiais cristalinos, o limite fundamental está diretamente relacionado com as transições da banda de condução e de valência e associado a intervalos de banda diretos e indirectos, ao passo que, no caso dos materiais amorfos, as transições são designadas por não diretas devido à ausência de uma estrutura de banda eletrónica no espaço k. No processo de absorção, um fotão de energia conhecida excita um eletrão de um estado de energia inferior para um estado de energia superior, correspondendo a um bordo de absorção.

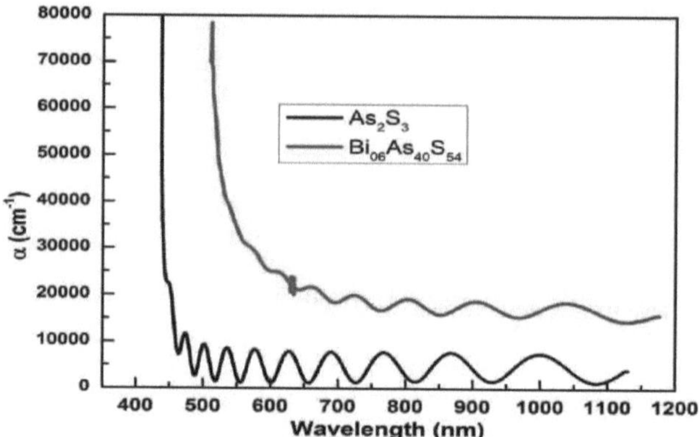

Fig.27. Coeficiente de absorção versus comprimento de onda

(D) Intervalo de banda ótica

A partir do espetro de transmissão, verificou-se que, quando se adiciona Bi à película amorfa de As2S3, a transmissão diminui. Devido a alguma dispersão da luz, o coeficiente de transmissão aumenta. O intervalo de banda ótica E_g foi determinado a partir dos dados do coeficiente de absorção em função da energia do fotão, de acordo com o modelo de transição não direta geralmente aceite para semicondutores amorfos [2], proposto por Tauc [3].

O espetro de absorção ótica é a ferramenta mais produtiva para desenvolver o diagrama de bandas de energia. O coeficiente de absorção dos semicondutores amorfos na região de alta absorção (a>104cm^{-1}) segue uma lei exponencial de acordo com Tauc [3],

$$\alpha h v = B(h v - E_g)^m \qquad \text{----------------- (6)}$$

onde B é uma constante (parâmetro de Tauc), E_g é o intervalo de energia ótica do material e m determina o tipo de transição (m=1/2 para transição direta permitida e m=2 para transição indireta permitida) [2,3]. O melhor ajuste à equação acima para estas películas dá um valor m=2. Assim, a equação torna-se

$$(\alpha h \upsilon)^{1/2} = B^{1/2}(h\upsilon - E_g) \qquad \text{-------------------- (7)}$$

Onde a, h, u, E_g e B são o coeficiente de absorção, a constante de Planck, a frequência, o intervalo de banda ótica e uma constante (parâmetro de Tauc), respetivamente [4]. Traçando a dependência de $(ahu)^{1/2}$ vs energia do fotão (hu) e ajustando a parte reta à equação acima, obtém-se uma linha reta e a interceção y dá o valor do intervalo de banda ótica (fig.28,29). O declive do ajuste dá $B^{1/2}$. A constante B inclui informação sobre a convolução dos estados da banda de valência e da banda de condução e sobre o elemento matricial das transições ópticas que reflecte não só a regra de seleção k, mas também as correlações espaciais induzidas pela desordem das transições ópticas entre a banda de valência e a banda de condução [4]. Além disso, B é altamente dependente do carácter da ligação. A perda de reflexão não foi tão grande em comparação com a elevada absorção na região do intervalo de banda. O intervalo de banda ótica da película de As2S3 foi de 2,43 eV (fig.28), enquanto o intervalo de banda da película fina de Bi06As40S54 foi de 2,15 eV (fig.29). Uma vez que a absorção ótica depende da ordem de curto alcance nos estados amorfos e os defeitos associados ao intervalo de banda ótica podem ser explicados com base no modelo de "densidade de estados" proposto por Mott e Davis [5]. De acordo com este modelo, a largura dos estados localizados perto dos bordos de mobilidade depende do grau de desordem e dos defeitos presentes na estrutura amorfa. Em particular, sabe-se que as ligações insaturadas, juntamente com algumas ligações saturadas, são produzidas como resultado do número insuficiente de átomos depositados na película amorfa [6]. As ligações insaturadas são responsáveis pela formação de alguns dos defeitos nas películas, produzindo estados localizados nos sólidos amorfos. A presença de uma elevada concentração de estados localizados na estrutura de banda é responsável pela diminuição do band gap ótico no caso das películas amorfas. Esta diminuição do intervalo de banda pode também ser devida ao deslocamento do nível de Fermi, cuja posição é determinada pela distribuição dos electrões nos estados localizados[7]. Verificou-se que o intervalo de banda ótica diminuiu à medida que o limite de absorção se deslocou para energias de fotões mais baixas com a adição de Bi à película fina de As2S3.

A Fig.30 mostra o gráfico de $(ahu)^{1/2}$ vs hu para a película Bi06As40S54 e As2S3. Verifica-se que o intervalo de banda ótica do Bi06As40S54 diminui em relação à película de As2S3 devido à adição de Bi. A adição de átomos de Bi não limitados à película de As2S3 provoca a criação de novas ligações entre os componentes devido à adição de Bi. O novo composto formará um maior número de ligações Bi-Bi juntamente com ligações As-As, As-S, S-S e Bi-S. Mas o número de ligações homopolares é maior do que o de ligações heteropolares.

A presença de uma elevada concentração de estados localizados na estrutura de banda é responsável pelo aumento/diminuição do intervalo de banda ótica no caso das películas amorfas. Este aumento/diminuição do intervalo de banda pode também ser devido ao deslocamento do nível de Fermi, cuja posição é determinada pela distribuição dos electrões nos estados localizados [8]. Um aumento na densidade de tais estados localizados pode encurtar o intervalo de banda, levando ao deslocamento para o vermelho do bordo de absorção eletrónica [9]. A desordem na película Bi06As40S54 deve-se principalmente às ligações homopolares Bi-Bi, S-S ou As-As erradas e às ligações pendentes [10]. Por conseguinte, a mudança estrutural intrínseca na película Bi06As40S54 foi proposta como o aumento da densidade de ligações Bi-Bi, As-As, S-S e o seu subsequente aumento na diordenação estrutural. As alterações estruturais intrínsecas são descritas na seguinte fotorreacção

$$\text{As-AS + S- S+ As-S} \xrightarrow{Bi} \text{Bi-S + As-S+S-S+ Bi-Bi+As-As}$$

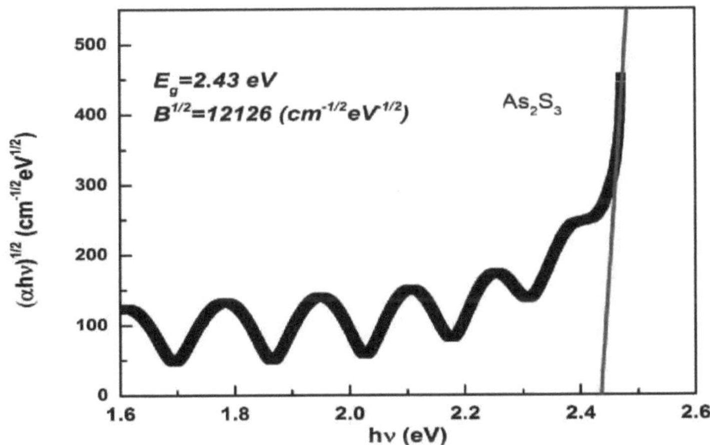

Fig.28. Intervalo de banda ótica para a película de As2S3.

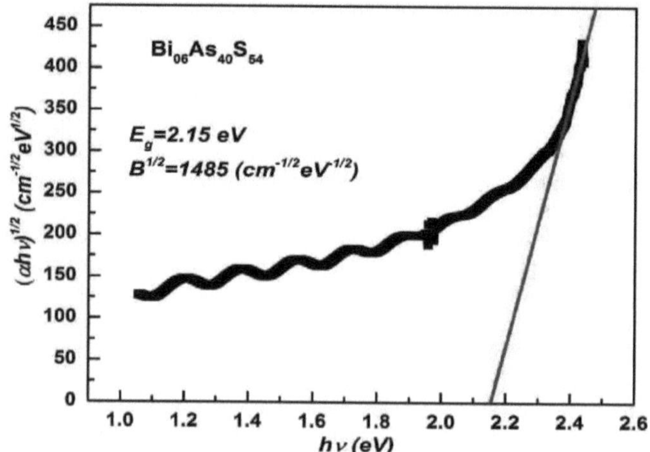

Fig.29. Intervalo de banda ótica para a película fina Bi06As40S54.

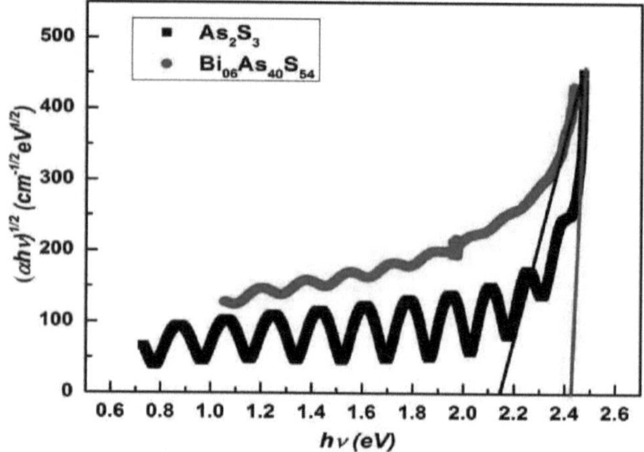

Fig.30. Gráfico de (ahr) $^{/12}$ vs hr para as duas películas finas

(E) Urbach Energia

Verificou-se que os vidros de calcogenetos exibem bordos ópticos altamente reprodutíveis, que são relativamente insensíveis às condições de preparação e apenas à absorção observável [11]. Com uma lacuna em condições de equilíbrio, o primeiro processo é considerado. Em materiais amorfos, observa-se um tipo diferente de borda de absorção ótica e o coeficiente de absorção aumenta exponencialmente com a energia do fotão perto da lacuna de energia. Este tipo de comportamento também foi observado noutros calcogenetos [12-13]. Este bordo de absorção ótica é também conhecido como bordo de urbach e é dado por

$$\alpha(h\nu) = \alpha_0 \exp\left(\frac{h\nu}{E_e}\right) \text{----------------------------------(8)}$$

onde a$_0$ é uma constante e E$_e$ corresponde à energia de urbach (a largura da cauda de banda dos estados localizados no band gap). Nesta região, ocorre a transição entre estados (de defeito) no gap e na banda [14]. Traçando a dependência de log (a) com a energia do fotão, obtém-se uma linha reta. Os valores calculados de Ee, o inverso do declive da linha reta, dão a largura das caudas dos estados localizados no intervalo nos limites da banda.

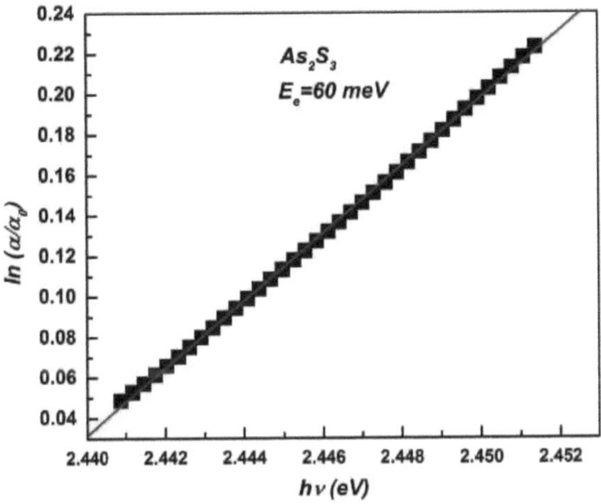

Fig.31. Energia de Urbach para a película de As2S3.

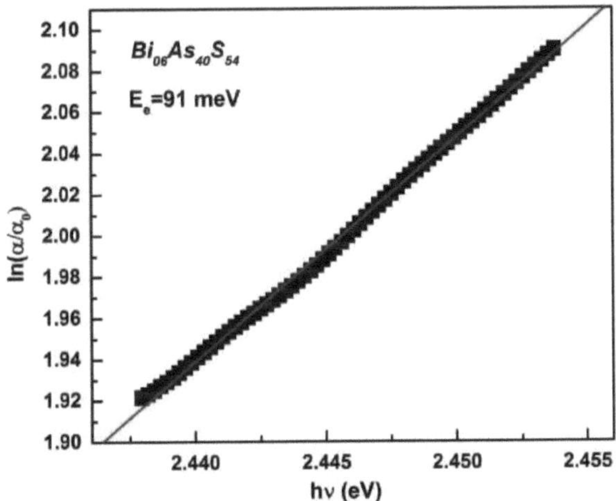

Fig.32. Energia de Urbach para a película fina Bi06As40S54.

As Fig. 31 e 32 mostram o gráfico de ln$^{(\alpha/\alpha_0)}$ vs hu para a película fina de AS2S3 e Bio6As4oS54. A energia de Urbach Ee da película de As2S3 é de 60 meV. Verifica-se que este valor aumenta (91 meV) com a adição de Bi à película de As2S3. Os valores mais baixos de B$^{1/2}$ e os valores mais elevados de Ee da película fina de Bi06As40S54 em relação às amostras de As2S3 indicam claramente que a película fina de Bi06As40S54 é mais desordenada (quimicamente) do que as amostras de As2S3, ou seja, são formadas mais ligações homopolares devido à adição de Bi à película de As2S3.

(F) Coeficiente de extinção (k)

Refere-se a várias medidas diferentes da absorção da luz num meio. Uma vez que $\alpha(\lambda)$ é conhecido, $k(\lambda)$ pode ser calculado a partir da equação

$$k = \alpha \, \lambda \,/4\pi$$

em que k é o coeficiente de extinção, λ é o comprimento de onda e a é o coeficiente de absorção.

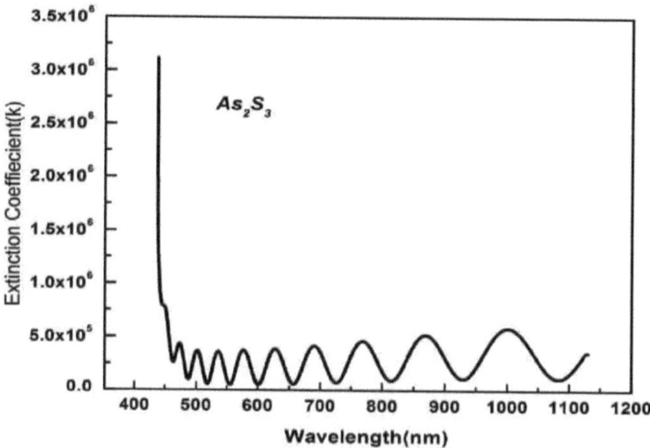

Fig.33-Coeficiente de extinção para a película fina de As2S3.

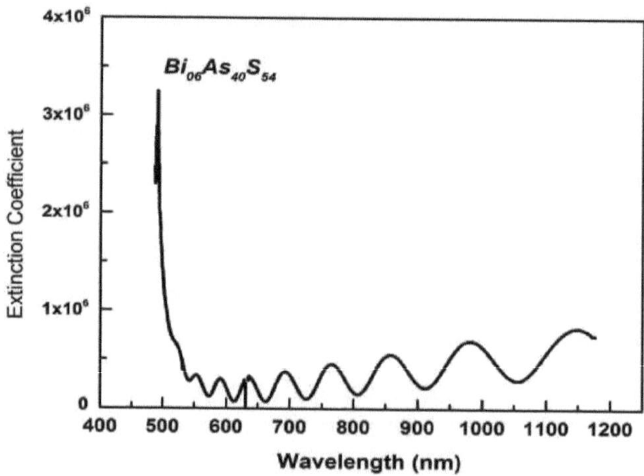

Fig.34. Coeficiente de extinção para a película fina Bi06As40S54.

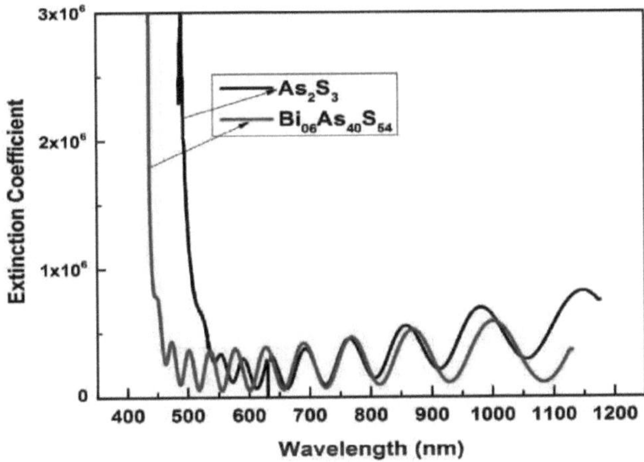

Fig.35. Coeficiente de extinção para a película fina As2S3 e Bi06As40S54.

REFERÊNCIAS

M A Wahab (2005), Física do Estado Sólido: Estrutura e Propriedades dos Materiais. Ciência Alfa.

G Venkataran, The many phases of matter, Universities Press, Hyderabad, 1991

A.Madan e M.PShaw, The physics and application of amorphous semiconductor (imprensa académica, 1998)

E.A Davisin: Tópicos em física aplicada: Semicondutor amorfo editado por M. H. brodsky (springer -verlag)p.41(1979)

S.R Elliot, Materials Science and Technology :A comprehensive treatment (wiley, Newyork),19 e 375(1996)

V. Damodar Das (editor) An Introduction to Thin Film State

Mott. N., e E. Davis. Electronic processes in Noncrystalline materials (Clarendon Press, Oxford, 1971&1979)

Física Elementar do Estado Sólido: M.Oli Omar

S. R. Elliot, Materials Science and Technology: A Comprehensive Treatment (Wiley, Nova Iorque), 19, 375 (1996)

R. Zallen, Physics of Amorphous solids, (John Wiley & Sons, Nova Iorque 1983).

B. T. Kolomiets, P hys.Stat.Sol. 7,359-713 (1964)

S.R. Ovshinsky, J.Non-Cryst.Solids 2,99 (1970)

D. Adler, J.Non-Cryst.Solids 73,205 (1985)

William B. Jensen, "A Note on the term chalcogen" (Uma nota sobre o termo calcogénio). Journal of chemical education, 74:1063,1997

W. H. Zachariasen, "The Atomic Arrangement in Glasses", J. Amer. Chem Soc.,543841(1932)

Wee Chong Tan, "Optical Properties of Amorphous Selenium Films", tese de doutoramento, Universidade Valentina Kokorina, "Glasses for Infrared Optics", CRC Press (1996).

J. R. Bosnell e U.C.Voisey Thin Solid Films 6, 161 (1970)

A. J. Bosman e C. Crevecoeur, Phy Rev.144, 763 (1966).

W. Van Roosbroeck,Bull.Am.Phys.Soc.16, 348(1971).

D. Turnbull, "Solidification" A.S.M. Seminar Series, (1969)

K.Tanaka , Reviews of Solid State Sci,4 (2 & 3),511 (1990).

L. Tichy, H. Ticha, P.Nagels, e R.Callaerts, J. Non-Cryst. Solids, 240,177 (1998).

M. Stabl, L Tichy Ciências do Estado Sólido, 7,201-207 (2005)

Bach, Hans e Dieter Krause (editores) "Thin Films on Glass" Springer-Verlag(2003).

Glaser, Hans Joachin "Large Area Glass Coating" Von Ardenne Anlagentechnik Gmbh (2000).

A.B. Seddon , Journal of Non-Crystalline Solids 184 (1995) 44-55

Abhaya Kumar Singh, Revisões em Ciência e Engenharia Avançadas. Vol 1, pp,292- 301,2012

R.P. Wang , S. J. Madden, C. J. Zha, A.V.Rode, e B. Luther Davies. Jornal de Física Aplicada, 100,063524(2006)

A.M Andriesh, M. S. lovu Moldavian Journal of the Physical Sciences,Vol.2,N 34,2003

D. Lezal, J. Pedlikova, J. Zavadila Journal of optoelectronics and Advanced Materials, Vol.6, No.1, março de 2004, p-133-137

N Mehta, Journal of Scientific & Industrial Research, Vol 65, outubro de 2006, pp.777- 786

M.H. Brodsky, R.S. Title, K.Weiser, e G.D.Petit. 10598. Physical Review B. Volume 1, novembro 6

N. Ibaraki e H. Fritzsche .Physical Review B. 30(10) 60637

C.L. Dragon, P.L. Burton, S. V. Phillips, A.S. Bloor, Journal of Materials Science,9(10), 1595 (1974)

A. Hasnat, J. Podder, Advances in Material Physics and Chemistry,2012,2,226-231

M.M Hafiz, A.H. Moharram, M.A. Abdel-Rahim, A.A. Abu-Sehly. Thin Solid Films(1997) 7-13

Yong Jai Cho, N. V. Nguyen, C. A. Richter, J. R. Ehrstein, Byoung Hun Lee e Jack C. Lee, Appl. Phys. Lett. 80, 1249 (2002)

Nicolas Martin, Christophe Rousselot, Daniel Rondot, Franck Palmino, Rene Marcier. Thin Solid Films 300(1997)113-121

D.A.P.Bulla,R.P.Wang,A.Prasad,A.V.Rode,S.J Madden,B.Luther-Davies.

I.Voynarovych,V.Pinzenik,I.Mahauz,M.Shiplyak,S.Kokenyesi,L.Darozi. Jornal de Sólidos Não Cristalinos 353(2007)1478-1482

R.Todorov,Tz Iliev, K.Petkov. Jornal de Sólidos Não Cristalinos 326 & 327 (2003)263-267

S.R Elliot e A T Steel, J.Phys.C:Solid State Phys.20(1987)4335-4357

S. Condurache-Bota , N. Tigau , A.P. Rambu ,G. G. Ruusu, G.I. Rusu. Applied Surface Science 257(2011) 10545-10550

K.Petkov, Tz. Iliev, R.Todorov,D.Tzvetkov. Vácuo, 58(2000)321-326

. R. Todorov, A. Paneva, K.Petkov. Thin Solid Films, 518(2010) 3280-3288

R.SwanepoelJ. Phys. E,16, 1214 (1983).

E.Marquez, L.M Gonz alez-Leal, A.M. Bernel-Oliva, T.Wagner,R.Jimenez Garay,J.Phys. D40 5351 (2007)

J.Tauc, Amorphous and Liquid Semiconductor, Plenum Press, NewYork, NY,USA, (1979)

A.R Zanatta,I.Chambouleyron, Phys.Rev. B 53 03833 (1996).

N.F.Mott,E.A.Davis,Electronics Processes in Non Crystalline Materials Clarendon, Oxford,428 (1979).

M.L.Theye, em: Proceedings of the vth International Conference on Amorphous and Liquid Semiconductor, 1, 479 (1973)

T.T.Nang, M.Okuda, T.Matsushita, S.Yokota, A.Suzuki, Jpn.Appl.Phys.14 849(1976).

T.T.Nang, M.Okuda,T.Matsushita,S.Yokota,A.Suzuki.Jpn.Appl.Phys.14 849(1976).

Nang,T.T.,Okuda,M.;Matsushita,T.Phys.Rev.B 19,947-955(1979)

Kawaguchi,T.;Maruna,S.J.Appl.Phys., 73,4560-4566 (1993)

M.Abkowitz, Polym.Eng.Sci.24 1149 (1984)

J.Tauc,in.J.Tauc Ed Amorphous and Liquid Semiconductor,Plenum Press,New York,NY,USA,150 (1979)

F. Urbach, Phys.Rev, 92 1324 (1953)14.S. R. Elliot, Materials Science and Technology: A Comphrensive Treatment Wiley, New York, 376 (1991).

yes **I want** morebooks!

Buy your books fast and straightforward online - at one of world's fastest growing online book stores! Environmentally sound due to Print-on-Demand technologies.

Buy your books online at
www.morebooks.shop

Compre os seus livros mais rápido e diretamente na internet, em uma das livrarias on-line com o maior crescimento no mundo! Produção que protege o meio ambiente através das tecnologias de impressão sob demanda.

Compre os seus livros on-line em
www.morebooks.shop